科學⁺

沈惠眞／著　徐小為／譯

有點廢但是很有趣！

日常中的科學二三事

很奇怪但很有趣：
這些話題超冷門，
但讓人長知識又笑翻

三民書局

序 文

在小學放暑假時的一個平凡早上，我像平常一樣吃完早餐，正慢吞吞地走出院子時，突然看見房子的牆上貼著什麼東西。走近一看，原來是一隻蟬，不過這隻蟬，跟我以往看過的蟬長得有點不太一樣。牠的身體彷彿剛從土裡冒出的嫩芽一般，帶有淡淡的綠，翅膀潔白而透明，看起來就像（聽起來可能有點誇張）天使的翅膀一樣。在天使下方約 30 公分左右的地方，有個蟬殼掉在那裡，那殼憔悴的外型讓人感覺不到一絲生機，很難相信現在那隻閃閃發亮的蟬，不久之前竟然是這種樣子。我怕靠得太近會把天使嚇跑，便屏息走到離牠一兩步的距離，靜靜地觀察。幾分鐘的時間，蟬就在那裡一動也不動。

對在鄉下長大的我而言，昆蟲就跟玩具沒什麼兩樣。像是會突然跳起來飛走的蚱蜢；還有只要抓住牠的後腳上下搖動身體，就會自己斷腳逃跑的劍角蝗，這些在隨處的草叢都能抓得到。而用堅硬的外殼武裝自己，散發出黝黑光澤的鍬形蟲和獨角仙，就像是跟牠們挺拔的外表一樣高級的玩具。

在這之中我最喜歡的就是蟬了。就算蟬鳴震耳欲聾地叫了好一陣子，只要一有人走近，牠們就會瞬間噤聲，簡直就像在對我挑釁「找找我在哪啊」。為了抓蟬，我會一邊推敲一邊繞著樹轉

圈，細細檢視每一條枝葉，最後終於發現蟬的那一刻，就會湧現一種難以言喻的快感！雖然經常讓反應靈敏的蟬溜走，但最後還是能把好不容易抓到的幾隻放進採集箱。

但那天的蟬，我卻無法碰牠。牠的翅膀在朝陽下閃閃動人，感覺用手去碰好像就會犯了滔天大罪一樣。我看著那隻蟬，心臟撲通撲通地跳，也不曉得該怎麼辦，就那樣呆呆站了一會兒然後就回家了。那是種對當時年幼的我而言難以承擔的複雜而巨大的情緒。不久，我再回去那裡時，蟬已經消失不見了，於是我安下心來。那是第一次，昆蟲作為一個「生命」迎向我的瞬間。

我之所以下定決心要寫有關科學的內容，主要有兩大理由。首先是我想要隨心所欲地寫作。

就像餓的時候思考要吃什麼一樣，我也會煩惱要用什麼主題創作。那時我想起了小時候遇到的蟬，接著又想到了天空、樹、太陽、雨、大海和魚等等。那些小小的生命，和牠們各自的生命故事，我從小就對這種事很感興趣。我開始嘗試向周圍的人口述我想傳達的故事——可以寫這種內容嗎？會不會太微不足道呢？——幸好他們都覺得很有趣，讓我獲得許多勇氣。

我在這過程中得知的另外一個事實，就是我周圍的成年人中，意外地有不少人會害怕科學。為什麼彩虹通常出現在東方的天空、為什麼人類跑步的時候會突然跌倒、還有人類為何會是地球上其他生物在生命循環中的阻礙，我想與他們分享意見和我的想法。

因為在科學中最重要的事情就是推理和辯證，我認為只要理解那個過程，就能開闊我的眼界、瞭解這個世界，也能學會解讀那些微小的事件，培養做出判斷的能力。我相信如此一來不需要太深奧的文字，便可以加深人們對生命的敬意。雖然我們可以輕易在書店或網路上找到不難讀懂的書或文章，但這些大部分都是把小學生設定為受眾，我覺得字裡行間的情緒不適合讓大人閱讀。我想要傳達的，是可以輕易接觸到的科學原理，並在瞭解這些知識後，能對充實自我更有幫助的「大人的感性」。這本書裡沒有困難的公式或理論，有的只是日常中常遇到的科學小知識。我不是研究人員，而且主修也不是理科，因此還沒有本事帶領各位潛入科學的深海中。我不過只是一個很關心科學，認為在日常生活中發現科學是小確幸，並且想把那份幸福分享出去的人而已。

想奔向大海，首先就必須消除對水的恐懼才行。而最好的方法是學習如何浮在水上。學會怎麼飄浮之後，再慢慢開始划動手腳和身體，接著才能學會如何換氣呼吸。我想為那些對科學的海洋還不熟悉、害怕讓自己飄浮在海上的人提供一點幫助，於是寫了這本書。如果本書能成為各位的墊腳石，讓各位能很快在更深、更遠的大海中自在徜徉的話，我就別無所求了。真心感謝為我的文字注入生命的出版社的各位。我還想對我的幸福與精力泉源——志原、宣遇、Rich、Mimi、Coco 表達感謝，愛你們。

2019 年 11 月　　沈惠眞

Contents

Part 2
那些我不知道的身體故事

Part 3
今天的地球依然忙碌地轉動

Part 4
比想像中更沒什麼的科學常識

Part 5
我們都正共同生存著

Part 1

我的日常，
科學無處不在

那個陰森的夜裡，
傳說中的科學

「轟隆，轟隆隆。」

一陣轟天巨響的雷聲之後，大雨傾瀉而下，明明是大白天，屋內卻昏暗得有如黑夜。我、姊姊和弟弟互相大眼瞪著小眼，不約而同地圍坐在房間的中央，媽媽正好結束了在廚房的家務，也走進房間，像這樣陰暗的日子最適合講恐怖故事了。還不到十歲的孩子在這世上最怕的東西就是鬼了，但止不住好奇心的我們，不停央求媽媽講鬼故事。「鬼喔……」媽媽稍微煩惱了一會兒，接著小心翼翼地開口：「有點恐怖喔，你們真的敢聽嗎？」「快點講嘛！」我們期待得心臟砰砰地跳。「好，那你們不可以因為害怕亂尖叫喔！」媽媽擺出認真的表情，壓低了聲音。

我們挨著媽媽坐得更近了一點。

「那是媽媽二十歲時的事了。媽媽的哥哥在結婚後，就搬到隔壁的社區去了。有一天我下班回家，你們外婆說有東西要給哥哥，叫我去幫忙跑腿。要去哥哥家的話，得先爬過一個小山坡。因為冬天太陽下山得早，很快就天黑了，以前路上也沒什麼路燈，要翻過黑漆漆的山坡，真的好可怕喔！所以我就一邊大聲唱

歌一邊走，不過還好那天是滿月，路上不算非常暗。走了一陣子之後，山坡的另一邊突然傳來唱輓歌的聲音：『嗚喔～嗚喲～』的。」

「輓歌是什麼啊，媽媽？」弟弟睜大著眼問道。

「以前人死後，要把遺體直接送去墳墓，搬運時所唱的歌就叫做輓歌，是很悲傷的歌啊！但是那個聲音聽起來好像離我愈來愈近、愈來愈大聲。一個人在山路上遇見喪轎 ❶的話不是很可怕嗎？所以我很害怕，就拔腿跑了起來。還好再一小段路就到哥哥家了，且遠遠就看到嫂嫂站在家門口等我，這讓我很開心，趕快跑過去跟她說：『嫂嫂，那邊有出殯的過來了。』以前時代沒有什麼熱鬧好看，所以要是有出殯隊伍經過，也算是滿值得一看的。

可是不管怎麼等，出殯隊伍都沒有經過，但明明就只有一條路而已啊！嫂嫂覺得很冷，就跟我說：『我們先進去吧。』這時我才發現，輓歌的聲音也聽不見了。我轉身踏進院子，一邊想著好奇怪、真的太奇怪了！我明明就沒聽錯，為什麼出殯隊伍會不見了呢？接著天上突然開始下起鵝毛大雪，雪大到幾乎看不見前面，簡直像用倒的一樣。明明不久之前天上還掛著滿月的，怎麼轉瞬間就烏雲密布、大雪紛飛？這真的很奇怪耶！」

---

❶ 搬運遺體至墳墓的工具，類似轎子。

　　那時候還是小學低年級的我，既不知道輐歌是什麼，也不太清楚一個人晚上獨自走在山路是什麼感覺，只是轟隆隆的雷聲、漆黑的房間、不時大呼小叫地說著好恐怖的姊姊、跟著她一起尖叫的弟弟，還有媽媽那跟平時不同，格外嚴肅而真摯的表情，都讓我感到既害怕又興奮。

　　我之所以會把這麼久以前的故事記得這麼清楚，是因為即使到了現在，偶爾遇到滿月或下大雪的時候，媽媽都會自動提起這個故事。年過七旬的媽媽，似乎到現在都還相信她那天是被鬼或魔神仔迷惑了。

　　光就故事來看，其實媽媽遇到的狀況也很可能根本就不是魔神仔的幻術。首先，她所聽到輐歌的聲音，很可能就只是夜晚聲音傳遞的特殊性質所造成的現象。

　　聲音是藉由空氣傳遞的，方向是從溫度較高處傳到溫度較低處。白天，照射到太陽的地表，溫度比大氣層高，因此聲音會向上傳遞。但是到了晚上，地表比大氣層冷卻得更快，因此聲音不會往上，而是往兩旁傳遞，如此一來，聲音不僅沒有四散到空中，反而在地表橫向傳遞。也就是說到了晚上，遠方的聲音聽起來也會很大聲，因此那一晚傳出輐歌聲的實際位置很可能比媽媽所想的地方來得更遠。

　　再來，我們也應該要考慮到大腦認知聲音的方式。事實上，聲音並不是大聲就一定聽得清楚，小聲就一定聽不清楚。大腦是

會自動分辨接收到的聲音為信號音還是噪音的。對聽的人而言，信號音是具有意義的聲音；相對地，噪音就是沒有意義的聲音。

一般而言，汽車經過的聲音會被辨識為噪音，而說話的聲音則會是信號音。當然，並不是所有談話都會成為信號音。在嘰嘰喳喳充滿吵雜聲的教室裡，就算聽不清楚別的聲音，但若有人呼喊自己的名字，就能聽得非常清楚，好像有某種超能力一樣，這是因為此時自己的名字被辨識為所謂的信號音，而在同時發出的各種聲音中，我們的大腦只會把信號音辨識為「真正的聲音」。

對媽媽而言，那天的輓歌就是一種信號音，愈是仔細去聽，

就愈是覺得聲音比實際上聽起來更大、更清晰。而且那天晚上又下了鵝毛大雪，這代表著當日是大氣溼度很高的日子。空氣中的水滴具有反射聲音的功能，因此傳到耳中的聲音透過水滴反射便被放大了。再加上走的是夜路，心理狀態極其緊張，彷彿都聽得見心臟跳動的聲音，這也大大加深了各種感官的敏感度。媽媽很可能是把已經離得很遠的輓歌聲，誤認為是逐漸靠近的聲音了。

　　那才剛見滿月掛天卻馬上大雪紛飛的現象又該如何說明呢？不同形狀的月亮，出現在天空中的時間和位置是固定的。以傍晚的同一時間點來說，眉月會出現在西邊；上弦月會出現在頭頂；而滿月則會出現在東邊。另外，朔月則會在太陽升起之前暫時出現在東方天空，接著因為被太陽強烈的光芒掩蓋而迅速不見。

　　由於韓國在緯度上屬於西風帶❷，雲大致上是由西邊往東邊移動的。夜晚的天空非常暗，我們的視線又往往會集中於掛在東邊的滿月，當時媽媽大概就是因為這樣，沒有注意到天上從西邊開始聚集的烏雲，才會有突然變天的錯覺。

　　不過再怎麼利用各種科學知識來分析，媽媽想必還是會把那天的事當成「不可思議的未解之謎」。那天既神祕又害怕的感覺，想必是她難以輕易抹去的強烈記憶。至少對親耳聽到輓歌、親眼見到滿月和漫天鵝毛大雪的媽媽而言，那件事會成為永遠的

---

❷ 指緯度介於 30～65 度間的中緯度地區，該地區一整年都會吹拂由西向東的西風。

「傳說的故鄉❸」。

幾年前也曾經發生過這樣的事──沉在海底長達 3 年的世越號，被決定要拉出水面的那一天，天空中出現了黃絲帶狀的雲。調查結果顯示，那不是飛機經過所留下的痕跡，而且照片也不是偽造的。除了飛機不可能閒到去飛出什麼絲帶的形狀之外，想要做出絲帶的圓弧，至少也得動員韓國空軍的特技飛行小組「黑鷹(Black Eagles)」才有可能。

氣象廳相關人員說明，這種雲叫做「卷雲」。在所有雲之中，卷雲是指最高處在 5～13 公里的天空中所成形的雲，會以潔白的纖細線條或小結構，形成絲帶狀的雲，也被稱為纖維狀卷雲、脊椎狀卷雲。

這種雲被叫做卷雲，是一個極其正確的「科學事實」。然而在晚霞映照下閃著金黃色的那片雲，實在太像在世越號沉船事件中，象徵著「等待離家親人歸來」的黃絲帶了。對很多人而言，那朵雲並不只是什麼卷雲，而是罹難者家屬殷切的盼望，還有向孩子們和罹難者送去的訊息。

在這個科學發光發熱的時代，也會出現讓人如此傷心落淚的傳說。對一般人而言，它可能只是傳說，但對於那些當事者來說，它就是真實。

---

❸ 《傳說的故鄉》是韓國 KBS 電視臺播出的系列單元劇，以神妙精怪的鬼故事為主軸。

山羊告訴我的咖啡滋味

我喜歡咖啡。特別是下雨或冷颼颼的日子，就會很想在漂亮的杯子裡倒一包即溶咖啡，喝杯熱騰騰的咖啡。在這樣的日子裡，咖啡的滋味感覺格外香醇，但我總是拼命忍耐這個誘惑，一年算下來大概只會喝 1～2 杯咖啡而已。

國中的時候，我很常喝用三角形塑膠包裝的那種咖啡牛奶，但只要喝了咖啡牛奶，那天晚上就會奇怪地睡不著覺。平常超過晚上十二點就沒辦法保持清醒的我，一直到凌晨一、兩點，眼睛都還睜得大大的，然後隔天在學校上課時，就必須和不停襲來的睏意戰鬥了。自從我知道這都是咖啡因惹的禍之後，便自動跟咖啡牛奶保持距離了。

我們的身體會不停努力使自己維持在最佳的狀態，而要讓身體動起來或是進行思考等活動，便需要能量。細胞會分解一種稱為三磷酸腺苷 (adenosine triphosphate, ATP) 的有機化合物，製造出讓我們得以呼吸、行走、判斷情況等的所有能量。

ATP 被分解後會產生一種叫做腺苷 (adenosine) 的副產物。體內的腺苷累積到某個程度後，會被傳送到大腦神經細胞的受體上，這時我們的身體便會感到疲勞，變得愈來愈睏，這就是大腦

在向身體傳達必須休息的訊號。消耗的精力愈多，體內就會產生愈多腺苷，傳送到大腦後就會感到愈疲勞。人之所以在身體勞動量較大或情緒波動較多的日子會覺得格外疲憊，也是這個原因。

神奇的是，咖啡因正是一種跟腺苷具有相似構造的物質，因此原本大腦神經細胞受體上只應該讓腺苷進去的空間，咖啡因正好能代替卡位，阻斷了受體與腺苷的結合。當大腦無法接受到我們身體傳遞的訊號，便感受不到疲勞，也就睡不著了。

被咖啡因操弄的還不只人類而已，咖啡第一次在世界史上登場，正是因為一個名為咖樂迪 (Kaldi) 的衣索比亞少年所養的山羊。這些個性溫馴的山羊們在某天突然開始蹦蹦跳跳、四處狂奔，還彷彿唱歌般不停嘶鳴，但一段時間過後，卻又再次變回原本的山羊。少年覺得很奇怪，於是便跟在山羊後頭一探究竟。他發現山羊們吃下未知的紅色果實和葉子之後，就又會再度開始蹦跳起來。少年摘下果實嘗試咀嚼了一下，結果心情不可思議地高昂起來——他們吃的正是咖啡樹的葉子和果實。

雖然平時盡可能地忍耐，但我還是有需要咖啡的時候。當有重要的考試或非得做完不可的事而需要稍微晚睡一點時，沒有什麼比攝取咖啡因更便宜又能如此有效的方法了。從經過食道的那刻算起，咖啡因在 45 分鐘以內便會被小腸吸收，擴散至全身；在 1～2 小時內，血液中的咖啡因濃度會達到最高，這段時間是咖啡因效果最顯著的時候。

　　咖啡因排出體外的時間約需要 6～14 小時不等，因人而異。所以有人晚上喝咖啡也能立刻睡著；也有人會因為大白天喝的咖啡，直到凌晨都無法入睡。當然對於常喝咖啡的人，大腦神經細胞受體就很可能會產生耐受性，導致咖啡因對睡眠毫無影響。

　　我有一陣子也很嚮往可以咖啡因中毒，因此每天都會乖乖喝上一杯咖啡。那時還以為只要辛苦幾天就會有耐受性，之後就能自由享受咖啡的美味了，但到了第三天就開始肚子痛，感覺好像有某種尖銳的東西刺著我的胃，我試了好幾次，每一次都沒辦法超過三天。那個時候我還不知道咖啡因的副作用會導致胃酸分泌過多，還以為自己體質就是不適合，於是便放棄了喝咖啡。

　　不久之前，我還被弟弟抨擊：「妳到現在都還喝不了咖啡啊？」他說只要喝上一個禮拜就會適應了。但他提供的方法我其實都嘗試過了，就告訴他我是因為胃痛才放棄的。

　　「那點小問題都撐不過去？姊妳就是意志太薄弱了。」

　　哈，是這樣嗎？要不要就忍個一星期試試看呢？不過得一邊按著疼痛的胃，一邊睜大眼睛熬夜才行呢……每當我走進各處的咖啡店，被咖啡香氣包圍時，都會忍不住煩惱一下。要再挑戰一次試試看嗎？要嗎？

鳳仙花指甲留太久會發生什麼

那是小學時候的記憶了。在夏末開始吹起涼風時，媽媽問我和姊姊要不要用鳳仙花染指甲。媽媽說，院子裡的鳳仙花凋謝之後，要等到明年夏天才會再開，問我們要不要趁那之前再染最後一次。這是一種近乎誘導式的問法，我幾乎沒有說不的權力。於是，儘管初夏時一口氣染完的紅色還有一半留在指頭上，我還是採了鳳仙花的花瓣拿去給媽媽。

在我們睡覺之前，媽媽會把跟明礬一起搗碎的花瓣放在我們指頭上，並用剪好的小塊塑膠袋包住，再以縫被子的線一個個仔細綁起來。雖然指頭尖端會一直傳來麻麻的感覺，但一定得乖乖忍耐才行。隔天早上起床後，每次總會發現有其中幾個指頭的塑膠袋掉了下來，大概是睡夢中因為癢到不行才扯下的吧！平時總是嫌麻煩，連乳液都不太擦的我，之所以可以忍耐用鳳仙花染指甲的艱辛，其實不只是想炫耀漂亮的紅色指甲，另一個理由是為了實現那個鳳仙花的傳說：假如到了下初雪的那天，指甲上都還留著鳳仙花紅的話，初戀就會成功。

鳳仙花中含有玫瑰沒有的橘紅染料，從花、葉到根、莖都有，所以花謝了之後其實也可以用葉子或莖來染色。用鳳仙花染

指甲的原理跟染頭髮很接近，都需要媒染劑來協助作用。在搗碎鳳仙花的時候很常會一起加入明礬或鹽，其功能是幫助染料和手指甲更加貼合，而具有這種功能的物質就稱為媒染劑。

　　媒染劑和催化劑是不一樣的。催化劑能催化兩種物質之間的反應，自身則在反應完成後功成身退；而媒染劑雖然也同樣是幫助反應，但卻是把自身牢牢地卡在兩種物質之間，藉此使得物質間結合得更加穩固。如果把催化劑比喻為媒婆，媒染劑應該就是直銷公司上線的感覺吧？

　　雖然多虧有明礬，能讓漂亮的豔紅色得以留在指甲上，不過卻有另一個恐怖的傳言讓我膽顫心驚。聽說，要是用鳳仙花染了指甲，那麼在手術開刀時就不能全身麻醉！萬一發生了意外而需要被麻醉的話，就必須硬生生把指甲拔下來才行，光用想的就不禁讓人直發抖。

　　其實，並不是因為鳳仙花具有什麼特殊的成分而不能麻醉，只是據說從前進行手術的時候，是靠手指顏色來判斷麻醉中患者的狀態。如果患者呼吸出現問題，就會因為缺氧導致的血液循環不良，使得手指、腳趾呈現青紫色。而鳳仙花染過的指甲會因為無法顯現自然顏色，使得醫生難以判斷，因此才被禁止。在醫學技術已經相當發達的現在，並不需要把指甲拔下來了，各位大可放心。

　　接著，我想談談鳳仙花與初戀的傳說。大部分人們會在鳳仙花盛開的 6～7 月用鳳仙花染指甲。至於韓國降下初雪的時間平均會在 11 月左右，不過確切時間會隨所在區域不同而略異，氣候愈熱的地方，下初雪的時間自然就會愈晚。一般來說，指甲一天大約會長 0.1 毫米，以這個數據來算，一個月大概可以長 3 毫米。一般人指甲所留的長度最多不會超過 15 毫米，所以在 6 月用鳳仙花染的指甲，到了 11 月，就會從指甲上消失得無影無蹤。或許就是因為能保留下染指甲的人彌足珍貴，才會演變為這個傳說吧！悲慘的是，我住的地方就是極不易下雪的溫暖南海岸小村落，因此想達成鳳仙花的初戀傳說又更困難了。

　　不過，儘管條件惡劣，我的指甲還是直到下初雪的日子，都留下了鳳仙花的痕跡，而且還達成了好多次。那麼初戀是否成功呢？現在我都結婚了，這個問題還是當成祕密守著就好。

小鳥跟人區分日夜的方法

　　有一年的元旦，我跟老朋友們一起去東海岸看新年的第一個日出。拜前一天晚上連夜奔馳所賜，接近清晨時我們就已早早到達目的地，沒想到已經有好多人在海水浴場附近停好車，等待太陽升起。見狀我們也急忙把車停好，邁步走向昏暗的海邊。

　　在我們擠進人群找尋觀賞的最佳位置時，天際線也變得愈來愈紅，而我們也愈來愈按捺不住激動的心情。就在如燒紅鐵球一般火紅的太陽終於緩緩地冒出海平面的那一剎那，眼前出現了不可思議的光景：不久之前還四處停在石頭上的小鳥們，在太陽開始升起的瞬間，整齊一致地飛到海上搶食小魚，場面既生猛又喧鬧，十分壯觀。到底經過了幾分鐘呢？我著迷於眼前景色，實在沒有餘裕計算。直到太陽完全升起之後，鳥群們才停止狩獵，一隻接著一隻消失了。

　　這件事情一直烙印在我的腦海中，久久揮之不去。等到太陽完全升起之後，小鳥們應該可以看得更清楚才對，我很好奇為什麼牠們非得在未明的日出光線下狩獵，接著又立刻悄無聲息地離去，這個問題一直困擾著我。直到最近我看了由佛斯特 (Russell Foster) 和克萊茲曼 (Leon Kreitzman) 寫的《現在幾點鐘？》(*The*

Rhythms Of Life)，書裡的其中一段文字終於幫我解答了。

魚兒們的眼睛在夜晚時原本已經適應了黑暗的大海，當太陽升起後，約需要 20 分鐘的時間重新適應陽光，而眼睛能快速適應日出光線的動物，就能趁著日夜交替之時，更有效率地捕食到獵物。把這段內容對應到當時的景象，就能完美地解答我的好奇。日出時，魚兒們在光和暗影之間驚慌失措地逃竄，便很難再分神去躲避掠食者，鳥群們便是抓準這個時機，專注在狩獵之中。

不過還有另外一個疑問：如果鳥群們要把握日出的瞬間捕魚，就必須事先知道日出的時間才行。日出的時間會依季節不同，每天提早或延後一點點。不會看時鐘，也沒有計算時間能力的鳥兒們，究竟是如何得知每天都會有些許變動的日出時間呢？

以人類為首，從動物、植物到細菌，所有生物的體內都有以一天為週期的生理時鐘 (biological clock)。心跳數、血壓、體溫、肌力、荷爾蒙分泌等許多的活動，都會以一天為週期，根據生理時鐘上升或下降。問題是白天和晚上的長度每一天都會有些微的變化，那麼生物們究竟是怎麼調節生理時鐘的呢？

如果生理時鐘一年之間都在同樣的時間發送睡眠和起床的訊號，那麼在野外求生的動物們便會很難避開掠食者，也會很難抓準時機捕食，如此一來就不容易生存下去。幸好生理時鐘會依據日出和日落的光線，自動計算白天與夜晚的長度，透過這樣的微調便可以預測隔天的日出及日落時間。

　　生理時鐘做的事情還不只這些，它還能透過白天的時長判斷現在是一年中的哪個時期，以便生物們做好繁殖或遷徙的準備。相較於住在白天時長幾乎沒變化的赤道生物們，生理時鐘這種特性，在居住於白天時長依季節有明顯變化的高緯度地區生物們身上會更加明顯。也幸好生理時鐘能根據些微變化的白天長度重設，才得以提醒海鳥們把握住那 20 分鐘的「狩獵黃金時間」。

　　就算不去海邊，我們在自己周遭也能隨時感受到生理時鐘的神祕。不久前，被我遺忘在櫥櫃一角上的風信子花盆突然冒出了小小的芽，嚇了我一大跳。去年四月花謝了之後，長達 9 個月的時間中我都沒看過它一眼，也沒澆過半點水。原本以為已經乾癟癟的球根中居然長出了新葉，這也是多虧了生理時鐘。

　　人類負責調節生理時鐘的部位位在腦內的視交叉上核 (suprachiasmatic nucleus)，而生理時鐘這項本能則是刻在基因裡，所以無論周圍環境如何變化，「一天的週期」也不會被完全打亂，即使會產生些微偏差，但依然能大致維持正常的作息。就算在不見天日的黑暗中度過一整天，生理時鐘的指針仍然在走著，會讓人在平時起床的時間睜開眼睛、該睡覺的時間打起哈欠。

　　雖然生理時鐘的週期約是 24 小時，但每個人的指針在各個時刻所對應的作息都互有不同，這是先天遺傳的，很難輕易改變。也就是說，屬於早晨型人（雲雀型）或夜間型人（貓頭鷹型）這件事在一出生時就決定了，不容易光靠努力或訓練就改變。

　　無論是晚上 10 點入睡、早上 6 點起床的人，或是凌晨 4 點入睡、中午 12 點起床的人，都同樣是一天睡 8 小時，以一天為週期反覆清醒及入睡。只不過早晨型人擁有最佳專注度的時間是在上午，而在過了晚上 6 點之後，專注度就會急速渙散起來；相對地，夜間型人的專注度則是從下午開始愈來愈好，晚上 6 點則是腦部運作最旺盛的時候。

　　想像一下這兩種類型的人一起上學、一起度過職場生活，會發生什麼事呢？早晨型人的腦袋開始急速運轉的時候，夜間型人

的眼睛雖然張開了，但腦袋還在夜半的夢裡；當夜間型人的大腦甦醒過來，要準備開始讀書或工作時，學校的課程已經結束，而上班族則就要準備下班了，因此根本無法發揮最佳的效率。由此可知，現代社會的作息對於早晨型人而言，是絕對有利的。

2015 年 3 月，德國發表了一項與這相關的有趣研究成果。德國鋼鐵公司蒂森克虜伯 (Thyssenkrupp) 針對公司員工的睡眠習慣進行了精密分析，讓早晨型員工免除夜間勤務，而夜間型員工則免去早上的勤務，使員工們可以在適合自己的時間區段工作。

實際執行之後，所發生的變化相當迅速且驚人：員工們的工作效率大幅提升，壓力也大為下降，且假日所需的補眠時間也減少了，這是因為可以依照個人的生理時鐘得到充分睡眠的關係。而且由於放假的時候比起睡覺，醒著的時間變多了，對人生的滿足感也會因此提升，Monday Blue 也就自然而然地消失了。

在主人的怠慢輕忽下依然發芽的風信子，兩個月之間一下子長大了許多，現在正綻放著深粉色的花，味道也非常香。風信子依照著自己的生理時鐘，即使沒有特別施肥與照顧，只是順應自然，依然能開出小小的花朵。依此類推，若我們能按照著自然的生理作息分配時間，理所當然就能得到不錯的成果。在這過程中如果能再加上一些努力，所獲得的收穫必定會更加豐碩。雖然「子非花，安知花之習？」但我想有些道理還是互通的吧！

手機電池是怎麼充電的呢？

最近手機電池怪怪的，明明螢幕顯示還有 60% 的電，但只滑了幾分鐘，就自動關機了。之前在第一次造訪的陌生地點用手機找路時，還發生了中途關機的荒謬事件，還好當時為了避免發生這種狀況，我有先帶了備用電池，才沒有變成在都會中迷路的走失兒童。

看來這顆電池好像壽命已盡的樣子，但想想已經用了將近四年，也算撐很久了。

電池是決定攜帶式電子設備性能與壽命的關鍵要素。以前那種螢幕很小的手機，除了傳簡訊之外，幾乎不太需要長時間開著螢幕，不過還是一天至少要充一次電。儘管最近二十多年之間，手機已發展成電腦的等級，但電池的性能也同時變強了許多，不僅重量和尺寸變小了，容量也增加許多，因此需充電的次數並沒有顯著地增加。至於電池性的提升，則是仰賴於製造電池的原料有了相當大的變化。

最初攜帶型電池使用的原料是鎳 (nickel) 等重金屬，而最近則主要使用鋰 (lithium) 作為原料。鋰的原子序是 3，是世界上所有

金屬元素中最輕的，也是減輕電池重量的關鍵。不過，電池裡當然不是放入一整個完整的鋰塊，而是使用含有鋰離子的電解液 ❶。

離子指的是帶有正電荷 (+) 或負電荷 (–) 的原子或分子，近期這種裡面含有鋰離子的電池就叫做鋰離子電池。鋰離子會在電池裡的液狀電解液之間自由遊走，傳遞電力，使手機螢幕發亮、發出聲音及振動。

鋰離子電池由正極、負極、電解液、隔離膜組成，正極主要使用鋰離子，負極則是使用石墨。充電時，正極的鋰離子會經由電解液移動，依序積累到負極的石墨分子之間，等所有鋰離子都移動到負極時，就達到 100% 充飽電的狀態。而手機一從充電器上被拿下來的瞬間，原本位於負極的鋰離子就會再次開始回到原本正極的位置，這時釋放出的電力就能供手機使用。

最後，隔離膜的功能並非用來阻隔正極與負極，而是需要其上面所具有的狹小縫隙只容許離子通過的特性。假如電子也能夠通過這些縫隙，在正極與負極之間自由游移的話，迅速游移的電子就會導致電池過熱，嚴重的話甚至可能引發爆炸。也就是說，大部分使用電解液作為離子移動介質的手機電池，都隱含著爆炸的風險，而加入隔離膜就是為了降低危險發生的機會。

---

❶ 能幫助離子順暢移動的介質。

　　因此，也有科學家開發出以一種稱為聚合物 (polymer) 的固體化合物來取代電解液的技術。使用聚合物電池的商品中，最具代表性的就是蘋果公司的 iPhone。電池內部使用聚合物的話，包覆電池的外層便不需要太厚，所以手機的厚度就可以做得很薄，重量也很輕，而且還可以提高傳遞離子的效率及安全性。

　　然而，不論用的是電解液或聚合物，手機電池最大的缺點就是在寒冷的環境下無法正常發電。當溫度低至零下時，電解液就會凝固，而聚合物也會因為結凍使得離子移動速度變慢，使電池無法發揮性能，嚴重的話手機還會因為沒電而關機。當然，只要回到了溫暖的地方，電池就能復活。不過若這個過程重複太多次的話，可能就會導致電池性能受到永久性的損害。

　　雖然現在用攜帶型電池的電器主要都還是小型家電，但隨著未來科技日益發展，想必會擴及到電動車等需要大量電力的領域。到那個時候，手機的電池或許會變成只要每個禮拜、每個月充電一次，甚至是半永久性的也說不定。因為電池的蓄電力不足，導致不得不汰換這件事，未來不曉得還會發生幾次呢？希望告別的間隔可以愈來愈長就好了。

棕色小狗的犧牲與荷爾蒙

今年春天，我鼻子兩邊的皮膚變得非常粗糙，看起來很斑駁，而且還癢癢的。平時我壓力大或者吃壞東西的時候，脖子偶爾會起疹子，但臉這麼癢還是第一次。雖然心想「得去看個醫生」，但一天天拖著，不知不覺就過了三個月，癢的部位在那段期間愈變愈大，甚至開始發炎了，後來實在受不了了，才終於去看皮膚科。跟醫生見面還不到一分鐘，就立刻被診斷為「脂漏性皮膚炎」，並給了我塗抹的藥膏和服用的處方箋藥物。

拿到處方箋之後，我常常會上網搜尋上面列的藥名。一般要小心的藥有兩種，一種是抗生素，另外一種則是類固醇。悲慘的是，這兩種都是我這次必須吃的藥。抗生素是發炎的時候常吃的藥，那麼類固醇又是什麼東西呢？

簡單來說，類固醇就是結構與功能類似於荷爾蒙的藥物。荷爾蒙（激素）是我們身體製造出來的化學物質，可以影響情緒、行動、睡眠、免疫力、代謝、成長等許多的活動，是生物體內非常重要的物質。它只會經由特定腺體分泌，再透過血液輸送至全身，而且只會針對固定器官發揮作用。

人體內共有腦下垂體、甲狀腺、卵巢及睪丸等九個部位具有荷爾蒙腺體，其中，位於兩側腎臟上方的內分泌器官被稱為腎上腺，其所分泌的荷爾蒙就是類固醇，功能是幫助我們的身體針對所受到的壓力進行應變。而類固醇藥物便是仿照這種荷爾蒙合成出來的，雖然它可以迅速且有效地抑制發炎或舒緩過敏症狀，但副作用也不小，因此必須依照處方箋服用才行。

雖然荷爾蒙藥物現在已經被廣泛運用於疾病治療，但其實直到 1900 年代初期，荷爾蒙的功能、甚至是存在幾乎都還不為人所知。只有德國在 1848 年進行了摘取公雞睪丸移植的實驗，發現睪丸會分泌某種物質至血液中，而該物質會擴散至全身，並對特定部位產生影響，僅此而已。

在開始進行正式研究時，為荷爾蒙實驗犧牲的是一隻棕色的小狗，蘭蒂・胡特・艾普斯坦 (Randi Hutter Epstein) 的著作《荷爾蒙：科學探險如何解密掌控我們身心的神祕物質》(*Aroused: The History of Hormones and How They Control Just About Everything*) 中就記錄了當時的故事。1902 年，恩斯特・斯他林 (Ernest Starling) 和威廉・貝利斯 (William Bayliss) 兩位英國生物學家把一隻棕色小狗帶進了實驗室，並切斷牠消化道附近的所有神經。然而，即使神經被切斷，狗的胰臟仍會分泌消化液，證實了胰臟分泌消化液的過程，是與神經沒有關係的化學反射作用。

　　然而，在那之後的某一天，有兩個反對動物實驗的人士潛入了貝利斯的課堂上，剛好那天貝利斯又把已經連續兩個月進行活體實驗，被折磨得半死不活的棕色小狗再次帶來，進行電擊刺激唾腺的實驗，結果被切斷消化道附近所有神經的棕色小狗在課堂中死了，而這血淋淋的場面完整地被動保團體人士親眼目睹。

　　其實從 1876 年起，英國就已經制定了「動物虐待相關法律修正案」，根據此法，一隻動物只能被用於實驗一次，且在不妨礙實驗的範圍內，動物必須被施打鎮痛劑。然而，貝利斯和斯他林卻沒有好好遵守這些規定。但這件事情鬧上法院後，判決結果竟然是反對動物實驗的那方被判了毀損名譽罪，需要支付賠償金。理由是：既然棕色小狗是預計要被安樂死的狗，與其選擇別隻狗，不如再「回收利用」這一隻狗。至於貝利斯和斯他林被指控鎮痛劑使用不足，則因為證據不夠充分而免受責罰。

　　兩年後，斯他林在倫敦皇家學會的課堂上，史上第一次使用了「荷爾蒙」這個單字。荷爾蒙 (hormone) 一字來自於意為「使興奮」或「刺激」的古希臘語 "hormao"。隔年的 1906 年，因為一位善心人士的支持，倫敦的某個草地上立起了一座棕色小狗的銅像，但這座銅像在 1907 年，卻被醫學大學的學生們嘗試毀損，此舉動引發了反對動物實驗者的示威和一連串爭議，不過最後銅像仍在 1910 年遭到撤除。但在七十五年之後的 1985 年，倫

敦的巴特西公園 (Battersea Park) 一角又再次立起了一座小狗的銅像，而這座銅像直到今日都還守在原位。

我現在正在吃的皮膚藥，也與那隻棕色小狗的犧牲有關。如果沒有這些藥，我的皮膚會變得怎樣呢？用這些實驗動物的死去換來人類的方便，究竟是不是對的呢？或許沒有服藥，但只要多休息、吃點對身體好的東西，皮膚狀況也會自然好轉吧？我把一顆藥放在眼前，思考著關於生命的尊嚴，這無解的矛盾讓我不禁感傷起來。

為什麼煤球上面有洞

在一個聚會上，有個人帶著沉重的表情向我搭話。他說不久之前，他剛從住了二十多年的公寓搬到獨棟的房子，結果發現搬過去的新家所配備的暖房系統是採用燒煤球的型式。由於住在公寓時沒有這項需求，因此他睽違二十多年才又採購了煤球。據他所言，煤球的尺寸與以前相比好像小了許多。煤球愈小燒得愈快，就必須愈常更換，非常麻煩。因此他大聲埋怨生產煤球的公司是在欺騙小老百姓，應該要提出申訴才對。

畢竟是很嚴肅的對話，所以我在那個場合下只點了點頭，但其實心底不禁笑了出來。或許是因為煤球的外表看起來粗糙，讓他以為煤球好像可以很輕鬆地「砰」一聲就被製造出來。但事實上，煤球並不像他想的那樣，可以隨意改變外形。

作為一種普遍的暖房燃料，煤球在寒冷的冬季一肩扛起許多家庭的地暖系統，而它的生產過程必須符合韓國產業標準 (KS)。韓國產業標準中將煤球的尺寸和重量分成 1～5 號，一共 5 種，也明文規定發熱量基準每公斤需達到 4500 大卡以上；而在強韌度上，則規範煤球必須在從 30 公分高度落下時不能被摔碎。一般家庭使用的煤球是 2 號，標準規格為直徑 158 毫米、高 152 毫

米、重 4.5 公斤。不過，煤球還有個項目沒有被規範在韓國產業標準裡面，就是煤球孔洞的個數。

煤球因為具有孔洞的獨特外貌，因此又被稱為「蜂窩煤」，在韓國產業標準中也是使用「蜂窩煤」來稱呼煤球。根據孔洞數量不同，煤球也有不同的名稱。1970 年代以前，供家庭使用的是有 19 個孔的十九孔蜂窩煤，據說煤球之所以又被稱為「九孔炭」，就是從十九孔蜂窩煤來的。因為名字太長、語感不好，所以把「十」去掉，再將韓文的孔洞一詞轉為漢字音的「孔」，才簡稱為「九孔炭」。換個角度來說，若單純依九孔炭名稱來推測的話，照理來說應該是只有 9 個洞才對，但韓國從未生產過只有 9 個孔洞的煤球，這也間接支持了名字是由簡稱而來的論點。至於現在家庭主要使用的則是 22 孔或 25 孔的煤球。

直到 1980 年代，煤球都是占家庭地暖用量達 80% 的代表性燃料。跟木柴比起來，煤球在保存和火力調節上都更加方便，讓許多人都紛紛改以煤球做為炕的燃料。然而煤球也有一個致命的缺點，就是它燒得不夠旺盛。當不完全燃燒❶時，就會產生一氧化碳，這也使得一氧化碳從房間地板裂開的地炕隙縫裡外洩出來奪走人命的事故時有所聞。

---

❶ 在氧氣供給不足的狀態下燃燒的現象。

　　血液中有一種叫做紅血球的細胞，紅血球中則有名為血紅素的物質。血紅素具備特殊的鍵結位置，可與氧氣結合，並攜帶著氧氣運送至我們身體各處。然而麻煩的是，血紅素上氧氣的結合位也正好能與一氧化碳結合，不僅如此，血紅素與一氧化碳的結合效力甚至比氧氣強了 250 倍，因此當環境中有一氧化碳存在時，血紅素就會優先與其結合。而原本應該運送氧氣的血紅素一旦跟一氧化碳結合，就必定會導致我們的身體出現缺氧的症狀。

　　一氧化碳中毒之後，首先會受到損傷的地方就是氧氣使用量最高的內臟——大腦和心臟。最先出現的症狀包含頭痛、暈眩，以及噁心嘔吐等，嚴重的話還會導致呼吸麻痺，甚至引起昏迷。

　　小時候我也有好幾次吸進煤球的煙之後，頭痛不已的記憶。媽媽總是會用一隻手按著我們發痛的腦袋，另一隻手則忙著餵我們喝下水蘿蔔泡菜的湯汁。雖然人家說水蘿蔔泡菜的湯汁含有硫磺成分，能幫助呼吸，迅速排出體內毒素，但這個民俗療法其實效果不大。如果是輕微中毒，最迅速有效的解決方法還是打開窗戶通風，呼吸新鮮空氣。

　　小時候爸爸告訴我：「煤球上面會有洞，是因為要用煤球夾子夾的關係。」他的意思是，如果沒有洞的話，怎麼可能把煤球夾起來？但想必這是平常愛開玩笑的爸爸，為了好玩才編出來騙我們的。因為爸爸過去是暖炕技師，不可能不知道箇中的原由。

　　煤球上面會有孔洞的原因很簡單，就是為了增強煤球的火力。氧氣藉由進出孔洞，讓煤球整體均勻燃燒，就能使得火焰燃燒得更加旺盛，進而產生出高溫熱氣。隨著製作煤球的技術不斷提升，孔洞的個數也逐漸增加，據說這是因為現在的煤球不僅是作為提供地暖的燃料，也被用在烹煮食物上的關係。

　　就算煤球有洞會比較好夾一點，但用煤球夾子夾起煤球也不是件容易的事。因為只要稍微用點力煤球就碎了；但不夠用力的話，在搬運過程中又會害得煤球掉下來而整個報銷。想要成功夾起煤球，關鍵就是要調節力道。煤球正是那種夾著會感到如履薄冰，需要小心翼翼對待的嬌貴東西。只要住過燒煤球的暖炕房，每個人都至少會有一、兩個跟煤球有關的故事可以掛在嘴上。

　　我也有個提到「煤球」就會想起來的回憶。在一個寒冷的凌晨，睡夢中的我依稀聽見打開窗戶的聲音。那是離日出還有好一陣子的黎明時分，但燒了一晚的煤球已差不多燃盡，只要一打開暖炕的蓋子，就會看見白色的煤灰跑出來，這時就需要在空位補上新的煤球。

　　雖然我閉著眼睛躺在被子裡，但光聽那個聲音就知道，那是媽媽為了延續暖炕的火，從甜美的凌晨夢鄉起身準備的聲音。到現在只要想到那份辛勞，我胸口的某處就會溫熱起來，同時又帶有淡淡的心疼。

討厭吃小黃瓜
是因為遺傳基因？

生菜徹底席捲了我們家的夏季餐桌。雖然有部分是因為太熱不想煮飯的關係，但也不只有這個原因。夏天，是因新鮮蔬果盛產而值得慶祝的時節，因此我想要好好享受這個季節帶來的珍貴禮物──「直接生吃」。

其中，小黃瓜絕對是我夏季冰箱的常客。雖然小黃瓜也很適合做成小菜，但生吃依然是我們家的主流吃法，因為在有點餓又不想吃飯，也懶得切水果時，只要用水唰唰洗個兩下，就可以用手拿著直接啃了，多麼方便！聽到那一口咬下時的清脆聲響，就會感覺壓力也被一起趕跑了。

小黃瓜的皮含有帶苦味的物質──葫蘆素 (cucurbitacin)，西瓜、香瓜、哈密瓜等大部分的瓜科植物也都含有這種成分。葫蘆素是植物為了保護自己免於害蟲侵犯所製造出的毒素，若人類攝取過量，也可能會導致食物中毒。不過別擔心，現在我們所食用的小黃瓜或香瓜，都是為了供人類食用才被栽培出來的品種，因此毒性含量還不至於對身體有害，會影響的只不過是葫蘆素聚集較多的外皮和蒂頭部分比較不好吃而已。

小黃瓜外皮的苦澀程度事實上會受到天氣影響。陽光愈強，就會讓小黃瓜製造出愈多的葫蘆素；另外，天氣愈乾燥，小黃瓜的水分愈不足，也會讓苦味倍增。儘管口味不佳，但把富含營養成分的外皮去除掉實在太可惜了，這時有一個好方法可以解決，就是用粗鹽摩擦小黃瓜外皮。

葫蘆素是水溶性物質，所以很容易溶於水中。用鹽摩擦使外皮出現傷痕後，小黃瓜會因為滲透作用❶而出水，這時葫蘆素也會溶於水中一併排出，如此一來苦味便會消失，也就可以輕鬆享用蒂頭和外皮了。而且因為鹽的關係，吃起來會稍微帶點鹹味，更加提升了小黃瓜的風味。

不過我的周圍意外地有很多人不敢吃小黃瓜，這實在令我難以理解，他們竟然會討厭小黃瓜這種滋味爽口又清淡的蔬菜。但有份研究指出，這或許跟個人口味無關，而是受到遺傳基因的影響。美國猶他大學遺傳學研究中心指出，人類的 7 號染色體上存在著一個稱為 "TAS2R38" 的基因，根據基因序列的不同，可分為對苦味敏感的 PAV 型和遲鈍的 AVI 型兩類。據說，具有敏感基因型的人跟具有遲鈍基因型的人比起來，對苦味的敏感程度可相差高達 100〜1000 倍，因此會對小黃瓜的苦味特別敏感。

---

❶ 水通過差異性透膜從溶質濃度低往溶質濃度高的地方移動之現象。

對無法移動的植物而言，具有苦味的成分其實是它們用來抵禦天敵最主要且最強力的武器。咖啡的咖啡因、橘子皮內側的橙皮苷、大豆中的皂素、蕎麥中的芸香苷、生菜中的山萵苣素等，都是對它們的天敵而言致命的毒素，而這些物質的共通點就是都具有苦味。儘管製造毒素需要耗費許多能量，但植物們為了要順利結果繁衍下去，也只能進行這項投資了。

　　除了苦味外，還有些人討厭的是小黃瓜特有的氣味，這個味道的來源是一種叫做壬二烯醇 (nonadienol) 的醇類成分。奇妙的是，喜歡小黃瓜的人會覺得這個香味清新舒爽，但討厭的人卻會覺得這個味道很噁心。以我的一個朋友為例，他就會費盡心思地把放在水冷麵上的小黃瓜挑出來，避免它們沉進高湯裡頭，因為他覺得小黃瓜會散發出一種「餿掉的水味」。

　　無論有多少人討厭它，但我就是喜歡小黃瓜。現在冰箱的蔬果格裡還有九根小黃瓜，大概不出三天就會全部消失了。在我家，小黃瓜的天敵除了我之外還另有其人，就是我那喝了酒後就會大口大口啃食，一次消滅一、兩根小黃瓜的老公。

　　我實在無法放棄在夏天享用小黃瓜的樂趣，但既沒辦法將老公體內的基因修改為「苦味敏感型」來避免與我搶食，又沒有土地可以自己種植，為了不委屈自己的欲望，只好在每次去菜市場散步時，都把冰箱裡的小黃瓜庫存補滿。啊，既然都寫了這篇文章，就該去洗一根小黃瓜來啃著吃了。

跟真肉一樣的假肉

每次吃肉的時候，心中總是會有一股在殘害生命的罪惡感，因此我時常會冒出該戒葷的念頭。要我不吃五花肉或排骨還好，但問題在於炸雞，我真的超級、非常、很愛很愛吃炸雞。不過從不到一口就能咬下的雞腿和雞翅尺寸看來，這些生命一定是在小雞成長的途中就被結束掉了。就算被香噴噴的炸雞迷得暈頭轉向，但只要想到年幼的生命就這樣被我的一餐消費掉這件事，就會讓我突然覺得怪怪的。

自從四年前，我眼睜睜看著幾乎等同於家人的狗狗大病了一場，最終在眼前嚥下最後一口氣之後，好像就時常會出現這種感受。我想，既然所有生命的一生都只有一遭，且虛無而短暫，那就算不夠幸福，也至少應該要盡可能使其以最接近自然的方式活過才對。

這些被強制結束生命的雞，究竟前世犯了什麼罪，才害牠們得度過從頭到尾都如此悲慘的一生呢？我每次想吃炸雞的時候，都會把寫著菜單的傳單拿起又放下，猶豫好一陣子。這樣的好味道實在讓人沒辦法馬上放棄，但要點外送炸雞，又會湧現強烈的罪惡感，陷入矛盾的我就像變成雙重人格一樣，實在大事不妙啊！

不過不久之後，好像就不用再為這些事情煩惱了，因為已經出現可以代替肉品的人造肉了，而且它們正在實驗室裡無憂無慮地長大呢！雖然市面上早就有很多用大豆或米的萃取物製成的大豆肉，或是以純素起司等替代肉類的產品，但現在正在實驗室裡培養的東西可不是這種假的替代品，而是「真正的肉」。

　　2013 年的某一天，全世界的目光都集中到了兩個正在吃漢堡排的人身上，那是第一塊由實驗室製造出來的人造牛肉漢堡排被享用的瞬間。兩位志願者在品嘗後分享了評價：雖然吃起來有肉味，但口感有點乾硬。這兩塊人造牛肉是從母牛後頸的肌肉組織中，取出幹細胞培養而成。幹細胞在取出後，會被放進設定為 37 ℃ 的培育箱中，吸取營養豐富的培養液進行分裂、成長，幾週之後，就會長出厚 1 毫米、長 2.5 公分的肌肉纖維。將數萬條肌肉纖維壓縮後，就能製成人造肉。人造肉之所以吃起來會乾硬，是因為不含脂肪成分作為潤滑的關係，所以只要在人造肉中加入透過細胞培養製成的脂肪，就能解決這個問題了。

　　繼人造牛肉問世後，世界上也出現了人造雞肉這種東西。美國生技公司 Upside Foods 舉辦了一場人造雞肉炸雞和人造鴨肉試吃會，參加試吃會的受試者表示：「雖然口感比一般雞肉鬆軟，但味道幾乎一樣，下次還會想吃。」

　　但人造肉不普及的真正原因並不是在口味與口感，而是在於價格。用人造雞肉做成的一小塊肉排，需要投入的費用高達韓幣

3 億元（約 720 萬臺幣）。不過專家預估，不久之後每 450 公克
人造雞肉的價格將會大幅下降到 1000 萬韓幣（約 24 萬臺幣）；
甚至到了 2029 年，人造肉的價格就會比真正肉品的價格低廉許
多，到那個時候，不管是誰都吃得起人造肉了。若是專家們的推
測屬實，那也代表著實驗室取代狹窄養雞場的日子就快來臨了。

除了用幹細胞培養出肉的技術之外，目前有些企業也正在進
行把從植物中萃取出來的蛋白質和酵素組合起來，製成新型食品
的研究。或許有一天，我們會在超市看見各種從來沒吃過的肉，
比如：香蕉口味的雞腿、紫蘇口味的五花肉、松鼠舌頭肉，或者
蛇肋肉也說不定。

可惜的是，人造肉的開發理念並非源自於對違反生命倫理、
引發環境汙染的畜牧業的反思。大多數企業們所關心的只有一件
事，就是利潤。他們早就預見日益增長的肉類消費量，光憑現今
的家畜飼育方式是無法全數負荷的，因此才會投入人造肉生產技
術的開發。

毫無省思、只是一昧追求利潤的人造肉產業，不知是否又會
為人類帶來新的問題。這表示我們好像不應該只滿足於吃雞肉時
不用有罪惡感，想到這裡不禁又讓我感到一絲惆悵。

沒有鰻魚的鰻魚蓋飯，
跟沒有香蕉的香蕉牛奶

日本也有三伏之日❶。依照習俗，日本人會在這天享用鰻魚料理。據說在處理好的鰻魚表面塗上醬汁的「蒲燒（かばやき）鰻魚」相當受到歡迎，當然也不能錯過把烤鰻魚放在白飯上的鰻魚蓋飯。

然而在幾年前的三伏之日，日本的便利商店中出現了一種「沒有鰻魚的鰻魚蓋飯」。這是因為鰻魚魚苗愈來愈難買到，使得價格變得比金子還貴，連帶影響到了鰻魚產品的價格，有愈來愈多消費者無法負擔這筆開銷，於是就出現了這種只把鰻魚醬汁淋在飯上代替鰻魚所做成的便當。這種便當的價格是 198 日幣，換算為韓幣大約是 2000 元（約 48 臺幣）。據說這種「鰻魚醬汁口味」的蓋飯，在想要簡單、便宜享受三伏之日氣氛的人們間非常熱賣，銷售一空。雖然這種「沒有○○的○○商品」之所以會熱賣，應該是因為像三伏之日這種特殊節日所必須吃的應景食物對當地民眾具有特殊意義，但其實這可不是在講只會出現在他

---

❶ 三伏之日。自夏至後第三庚日起，每十日為一伏，共有三伏（初、中、末伏），為一年中最熱的時期。

國、離我們生活很遙遠的事。因為在韓國，喝沒有香蕉的香蕉牛奶、沒有草莓的草莓牛奶也早已是我們的日常了。

我們以為是「口味」的東西，其實大部分都是「香味」。雖然甜味、酸味是味覺五感中確切的「口味」，但「草莓口味」這種東西是不存在於這個世界上的。事實上，所謂的「草莓口味」只不過是「草莓的香味」，而我們為了省事稱之為草莓口味罷了。

水果或蔬菜在果實成熟時，都會製造出許多散發獨特香氣的物質，例如番茄在種子成熟時，會製造出三十多種帶有清新酸氣的揮發性化合物，且每一種都和人類必需的營養成分有關。根據

美國佛羅里達州立大學的一項研究結果顯示：組成番茄的數千種化合物中，會散發出香氣的幾種物質均是我們人體必需的養分；另一方面，非必需的其他化合物，則和番茄的氣味完全無關。

包括會發出香氣的物質在內，植物製造出的化學物質都被統稱為植物性化合物（phytochemicals，簡稱植化素）。植化素在人體裡扮演著抗氧化劑的角色，可以抑制細胞損傷，對我們身體健康而言是很有幫助的物質。

植物們之所以會用珍貴的能量製造出植化素，是為了妨礙其他競爭植物的生長，或是保護自己免於微生物及害蟲的侵害。因此，愈是一邊受著陽光曝曬、風吹雨淋，一邊抵禦害蟲長大的植物，就會生產出愈多植化素，這就是有機農產品對健康比較好的原因。雖然它們因為需要把原本可用於成長上的能量拿來製造植化素，所以植株不大、果實可能看起來也不太好看，但其中滿滿都是對我們健康有益的養分。

人類之所以能夠依照喜好的香味就挑選出我們所需的養分，是演化的結果。但最近幾十年間，這些香味正逐漸被人工香味所取代。從一種叫做氣相層析色譜儀（gas chromatograph）的機器被發明，開始可以分析散發出香味的成分（分子）之後，現在甚至已經發展出香氣重組的技術。像是「鄰胺苯甲酸薄荷酯」有葡萄香味、「乙酸正戊酯」有香蕉香味、「己酸烯丙酯」有鳳梨香味，這些都早已是食品業的基礎常識。

在鮑勃．霍姆斯 (Bob Holmes) 所著的《味道的科學》(*Flavor: The Science of Our Most Neglected Sense*) 裡有描寫到調香師們如何使用各種化學物質，把香味重新調製得非常立體的過程。例如：先以丁酸乙酯添加生機盎然的水果香氣，接著用葉醇加入清新的草香後，再用呋喃酮增添草莓棉花糖般的甜蜜香味；而葉醇和呋喃酮活化時間差所導致的香味空窗期，就需要由可散發出蜜桃香氣的 γ- 十一酸內酯來補足。（剛剛所述這些連唸起來都很難的化學物質，各位只要讀過去就夠了。）

若在食品中添加入這些人工合成的香料，就會散發出甜蜜的香氣，讓人忍不住流下口水。雖然果香原本是豐富維他命和植化素的訊號，但以人工香氣誘惑我們的食物中，卻很難找到我們真正需要的營養成分。

用散發炭香的化學物質所調味出的廉價韓式烤肉、用帶有肉味的調味料來提味的海帶湯，還有以螃蟹風味香精製成的炸蟹肉棒，都經常出現在我們和孩子們的餐桌上。此外，加入鍋巴香味的糖果和哈密瓜香味的冰淇淋，也都是稀鬆平常的點心。再加上現代人常具有營養不足與飲食過量的問題，這些化學香料就很容易惡化為毒素累積於體內。在我們追求大量添加廉價香氣的食物的同時，我們也正在逐漸失去追尋身體所需香氣的能力。

我們現在正吃喝享用的東西究竟是什麼，好像被「沒有鰻魚的鰻魚蓋飯」忠實地呈現出來了。

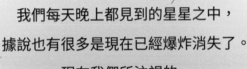

我們每天晚上都見到的星星之中，

據說也有很多是現在已經爆炸消失了。

現在我們所注視的，

都是星星們過去所發出的光芒。

如果有一天發明出了某樣東西

能夠移動得比光速更快，

它就會成為能夠前往未來的時光機。

只要比光快一點，

稍微再快一點點就可以了。

到那時候時光機這種東西，

也就不算什麼了。

Part **2**

那些我不知道的
身體故事

肥胖的肚子是從
原始人那裡遺傳下來的

從過去十年算起來，我最近是體重最重的時候。原本就毫無顧忌的胃口，在進入四十歲之後突然又變得更好了，只要一睜開眼睛就開始翻找可以吃的東西。所以跟去年同個時候比起來，我胖了 3 公斤之多。

原本瘦弱的身體都已經胖這麼多了，但不僅沒有很明顯，看到我的人們居然還會說「妳吃胖一點啦」甚或是「感覺妳好像愈來愈瘦了」之類的話。一個人居然可以如此輕易指責對方的外貌，還附帶多管閒事的建議。不過這些都算了，我想說的是另外一件事。

那就是，為什麼我的肉只會優先長在肚子的地方呢？變胖的 3 公斤不可能是新長出來的骨頭或內臟，應該大部分都是脂肪，還有一點點肌肉。其中，只要有 500 公克左右是長在臉頰的話，大家一定馬上就可以知道我體重變重的事實。但事實上我的臉頰卻依然很消瘦，只有肚子不停地成長茁壯。為什麼會這樣呢？難道是人家常說的，因為年紀的關係嗎？

年紀當然也有影響。在我二十歲的時候臉頰也非常飽滿，那個時候我的身體多少還有在分泌生長激素。生長激素的功能是將

脂肪均勻分配至手腳。但是生長激素從二十幾歲起便會開始逐漸減少分泌量，到了六十幾歲時，分泌量會大幅下降為二十歲時的一半。這就是為什麼年紀愈大，肚子的肥肉就愈多的原因。但是，「為什麼變胖的偏偏是肚子」這個疑問還是沒有被解開。

肚子會累積脂肪的原因跟演化時的進化有關。因為我們體內存在著為了適應冰河期而進化的人類基因。早期的人類住在非洲大陸，從動物世界的觀點來看，人類的尺寸不大不小，沒有適合狩獵的尖銳牙齒或鋒利的指甲，也沒有足以壓制對手或發揮瞬間力量的肌肉與爆發力。以身體能力來看，不管怎麼說都屬於很弱小的一方。

如此弱小的人類若想抓住行動敏捷的動物，能做的事只有一件，就是不停追在動物的屁股後面，跑上幾天幾夜，等牠累到完全癱軟為止。利用這種方法，才能捕食存活下去。

然而在炎熱的地區，跑得這麼久常會導致動物虛脫而死。如果身體上長滿了毛又一整天跑來跑去，就無法冷卻大幅升高的體溫。於是，人類的毛髮便消失了，而且長出了汗腺。如果想將 1 公克的汗蒸發為水蒸氣，以氣溫 25 ℃ 為基準，需要 583 大卡的熱量。換句話說，就是每當我流了 1 公克的汗，便會帶出體內 583 大卡的熱量，使其消散在大氣中。所以流汗是使體溫下降最快，也最有效的方法。

　　除此之外，人類的手腳也變得很長，盡可能拓展了能分布汗腺的表面積。如此一來，人類只要飲用足夠的水量，便能適應炎熱的環境，存活下去。此外，人類為了適應環境，還演化出了另外一項特徵。為了預防糧食不足的情況，人類會在體內儲存脂肪。但是脂肪具有阻擋熱量發散到體外，使熱能累積於體內的特性。萬一脂肪層蓋住了內臟或肌肉，身體就不容易散熱，可能引發各種問題。於是我們的祖先們便選擇了對調節體溫不太有影響的地方作為儲存脂肪的位置，就是屁股。

　　然而隨著住在非洲的一部分人類，為了尋找新的土地移居到北方，問題就出現了。他們遇上不存在於赤道地區的分明四季，再加上冰河期席捲地球，原本適應炎熱的人類這次變成得抵禦寒冷了。於是，原本長長的手腳逐漸變短，而上半身則變得更巨大了。整體來說，汗腺數量變少了，因此變得不太會流汗。除了熱量發散過快的問題外，對來到北方的人類而言，最嚴重的問題就是酷寒會使內臟器官的溫度下降，導致身體出現狀況，甚至是失去性命。於是，原本囤積在屁股附近的脂肪就必須拼命移往肚子，保護內臟器官免於寒冷的威脅。這個應對方法效果卓越，當時的人類就因為具有在肚子囤積脂肪的基因，才得以存活下來。

　　所以直到現在，像我這種居住地四季分明的人，之所以體重增加的時候會從肚子開始胖起，就是人類的基因為了適應寒冷而演化出的結果。

　　多虧我體內的基因有好好發揮自己的使命，我的小腹默默變大了。其實真的很想跟這個基因說一聲，現在已經可以穿上保暖內衣或很多厚實的鋪棉外套來保暖，所以可以不用這麼拼命表現自我也沒關係。像現在這樣全球暖化愈來愈嚴重，而且在已開發國家的糧食過剩，使得肥胖人口又愈來愈多，就算不在體內儲存養分也沒關係了。照這個演化的趨勢來看，或許在很久、很久以後的未來人，體型會比現在消瘦許多，手腳也會變得更長吧！

　　我住在一到冬天氣溫就會低於 –10 ℃，四季分明的東北亞。儘管進入了四十歲，肥肚肚愈發茁壯的情況讓人不知所措，但我相信還不到會影響健康的程度，所以暫時還想自由享受吃美食的樂趣。看來，得去買一些腰比較寬鬆的衣服才行了。

吃是用鼻子，嘴巴只是輔助

又鼻塞了。都怪我在很冷的時候還穿太少跑到外面打羽毛球。看來我想實踐讓身體變健康，不論天氣堅持運動的新年新希望，是有點太勉強了。幸好還不到重病的程度，沒有病倒在床上。但由於沒什麼胃口所以也沒有吃飯。看來，吃得好才能治病的說法，至少對於感冒或全身痠痛的病患是心有餘而力不足的。

根據某項研究表示，禁食❶三天以上，可以幫助恢復受損的免疫系統，促進白血球的生成，也能幫助身體更有力地抵抗外部的各種細菌和病毒。也就是說，生病的時候之所以會沒有胃口，就是身體想拯救自己的權宜之計。這個研究告訴我們：當不想吃東西的時候不用硬吃，餓一下肚子也沒關係。

可惜的是，我的禁食行動連一天都撐不下去。燒才剛有一點退，食慾立刻就恢復了，開始變得很想喝熱熱的湯。於是我泡開海帶，翻炒牛肉，熬了一鍋海帶湯。可是，當為了試味道舀了一些湯來喝時，居然什麼味道都吃不出來！怎麼會這樣？

---

❶ 指每日攝取的食物熱量不超過 200 大卡。

　　「為什麼鼻塞就吃不出味道呢？」其實這句話是錯的。正確來說，是可以嚐到味道的。因為味道是透過舌頭的味蕾來感知，再傳送至腦部產生味覺，所以鼻塞跟嚐到味道之間毫無關連。要是各位還是忍不住懷疑的話，可以捏住鼻子把糖和鹽交替放進嘴裡，保證馬上就能吃得來。從這個簡單的實驗就足以證明，鼻塞只是聞不出香味而已。至於為何我們會覺得吃不出味道，這是因為我們以為是「味道」的東西，其實大部分都是「氣味」。

　　到目前為止，被發現的味道有酸、甜、苦、鹹、鮮這五種。相較之下，氣味的種類則有超過一萬種之多。但事實上這個數字其實並沒有明確的根據。除了氣味的受體還沒有全數被找到之外，又因為氣味絕大部分是由各種分子所組成，所以也有部分科學家們認為氣味的種類超過兩兆組以上。也就是說，我們以為是「牛肉口味」的東西其實只是香味，能夠掛上動植物名字的「口味」事實上並不存在於世界上，那些都不過是香味而已。

　　鼻腔上方（嗅覺上皮）具有六百萬個嗅覺細胞，當空氣進出鼻孔時，這些嗅覺細胞會捕捉其中的氣味分子並將產生的訊號傳遞至腦部。不知道各位有沒有發生過這種情況，就是吃東西之前和吃東西時感受到的香味會不一樣。我在吃魷魚乾的時候就有出現這個現象。魷魚乾在吃之前的氣味不能算是太好，但放進嘴裡咀嚼時，就會品嚐到略腥卻又濃郁的香味。

　　除了魷魚乾之外，起司、還有雖然沒吃過，但據說擁有「地獄氣味、天堂滋味」的榴槤，想必也是類似的情況。品嚐前後的氣味之所以會出現差異，是因為只有吃東西時才會發揮功用的「鼻後通路嗅覺」關係。鼻前通路嗅覺是負責感知來自外部的氣味，而鼻後通路嗅覺所聞的則是進食時從口中升起，經由鼻後通路感知的氣味。

　　感冒的時候，鼻水會蓋住嗅覺上皮，或者引起部分嗅覺神經發炎，導致嗅聞氣味的功能變差。我已經為了擤鼻涕用掉一整捲衛生紙，所以情況大概是屬於前者。雖然聞不到香味有點可惜，但幸好鹹香的美味和牛肉的鮮味，還是讓我喝下了一整碗牛肉海帶湯。

　　萬一情況相反，可以聞到氣味，卻感受不到味道又會怎麼樣呢？可能就會變成像是咬著帶有海帶和牛肉香味，卻淡而無味又黏滑的塑膠袋、或者有嚼勁的橡皮筋的感覺吧！吞下塑膠袋，感覺好像真的滿痛苦的。想到這突然覺得，幸好感冒奪走的是嗅覺不是味覺，這真是不幸中的大幸。

甜就吞下去，苦就吐出來

我可以猜到現在正讀著這篇文章的你，喜歡什麼樣的味道。你問我有偷窺嗎？當然沒有囉。人類能夠感受到的味道，才不過五種而已，就算直接猜，答對的機率也有 20%。當然這個機率並不算高，不過沒關係，還有其他線索可循。大多數味道超過能接受的一定程度後，快感就會轉為不悅，但唯有一種味道，無論強弱，都能帶來愉悅的感受——就是甜味。所以我可以自信地大聲說出來：「你喜歡甜味。」

對於這個發言，或許有人會忍不住歪歪頭表示存疑，其實就連我自己也不是那麼喜歡巧克力點心或蛋糕，但當我把橘子或蘋果放進嘴裡，覺得「不好吃」的時候，十之八九是因為不夠甜的關係。當然，人會根據食物不同而有不同喜好，但很難說人類會討厭甜味本身。

「甜就吞下去，苦就吐出來」，這短短的句子裡事實上藏著人類最古老的生存戰略。五百萬年前的非洲草原上，出現了介於類人猿與人類之間的南方古猿。從這時開始，一直到距今一萬年前農耕濫觴為止，我們的祖先都必須從大自然中取食野生的果實、植物根莖、獸類屍體、魚類等。要捕食動物，就必須付出許

多勞力及風險；而相較之下，植物不會攻擊人類也不會逃跑，只要伸手摘取就行了，因此植物類的食物一直都是人類的主食。

再加上植物中含有許多維持人類生命必須的醣類。人體的細胞是以一種叫做 ATP（三磷酸腺苷）的物質作為能量貨幣，而 ATP 是透過分解單醣來產生。單醣為組成醣類的最基本單位，具有許多種類。其中，又以葡萄糖為生物體最主要使用的單醣。當葡萄糖被分解為二氧化碳和水時，就會產生 ATP。ATP 存在於所有生物的細胞中，在 ATP 進行水解時就會產生可用於維持生命的能量。因此獲取葡萄糖這件事，就等於是延續生命，使得人類不得不喜歡醣類的味道，也就是甜味。

但並不是所有植物都是安全的。某些植物會用前來採食的動物們所喜歡的顏色和味道結出果實，並在裡面藏有種子，這是為了讓種子散布得更廣；也有些植物會為了不被動物們吃下而製造出毒素。人類最早的祖先們還不曉得如何分辨有毒和無毒的植物。由於會帶來痛苦甚至奪人性命的植物，外型都大不相同，很難用眼睛確認，所以要辨識的方法只有一個，就是吃吃看。

幸好危險的植物們身上，有一種味道是共通的，那就是毒藥的味道──苦味。為了生存，人類的祖先們得拼命記住那個味道。苦味之所以會帶來不悅的感覺，正是因為如此。

除了人類之外，大部分的動物們也會抗拒苦味。崔洛堰的《舌尖上的科學：口腹之樂何處來》中提到，唯一會吃青椒的動

物就是人類，草食動物的牛、馬、山羊等據說都會因為討厭苦味而避開青椒。但神奇的是，咖啡跟酒都是以苦味為基底的飲料，而且還是許多人的嗜好之物。這些並非必要的食物，但許多人卻會因為愛好而享用的苦味東西，又是怎麼一回事呢？

咖啡和酒的苦味並不是有毒的警告，這件事是大腦可以學習並記憶的。因此這個情況是人類透過經驗克服對苦味的抗拒感所造成之結果，原因就跟我們愛吃兔仔菜、萵苣、艾草等帶有苦味的葉菜很類似。但是喜歡苦味強烈的葉菜類的人，並不像愛喝酒或愛喝咖啡的人那麼多的原因，則是與葉菜類中不具有受大腦喜歡的特殊成分有關。

咖啡與酒會受歡迎，是因為咖啡裡有咖啡因，而酒裡則有酒精這種獨特成分。咖啡因可以使大腦興奮，而酒精則能鎮靜大腦。刺激和鎮靜就像玩蹺蹺板一樣，總是需要達到平衡。像咖啡因和酒精這種外部物質，如果一口氣大量進入腦中，便會打破平衡，嚴重的話，甚至可能導致大腦功能退化。所以記住甜味和苦味所扮演的角色，並能適度地享受兩者帶來的味道體驗，應該才是最好的吧！

辣雞麵跟雲霄飛車的共通點

最近不知道是不是感冒了，總覺得喉嚨癢癢的。為了要讓喉嚨舒服一點，所以我買了一包藥草喉糖。喉糖在口中融化之後，原本乾澀的喉嚨和嘴巴立刻舒服起來，心情也變好許多。明明用手摸喉糖的時候，跟其他糖果相比也沒有比較冰涼，但含在口中的確有變得舒爽乾淨的感覺，這是因為喉糖中含有一種叫做「薄荷醇 (menthol)」的成分。

薄荷醇是從西洋薄荷或薄荷的莖葉中萃取出來的物質，具有特殊的清涼感，經常被用於食物、化妝品、醫藥等產品之中。而會有這種清涼感是因為，它能夠刺激我們身體的「冷點」。

皮膚和黏膜上分布著四種感覺受器，分別是感知溫度冷與熱的「溫覺受器」、感知較輕力道刺激的「觸覺受器」、感知深層與較大力道刺激的「壓覺受器」，還有感受到傷害帶來之疼痛感的「痛覺受器」。其中，溫覺受器又可分為「冷覺受器」與「熱覺受器」兩類，來自不同溫度的刺激就會被不同的溫覺受器感知。奇妙的是，薄荷醇會刺激一種叫做 "TRPM8" 的離子通道蛋白，這種蛋白位於冷覺受器上，受到刺激時能夠產生 25 ℃ 以下的冷覺，而使大腦接收到清涼感。

用添加薄荷醇的牙膏刷牙或者塗上乳液時，儘管我們的身體並沒有真正變涼，但由於大腦接收到冷覺受器傳送出來的訊號，因此會感受到涼意。所以說，薄荷糖的清涼感其實不是一種味道或香氣，而是皮膚的感覺。

我們對辣味的感覺也是同樣原理。現在好像有很多人都知道，辣味並不是舌頭味蕾所感知到的味道，而是舌頭的痛覺受器被刺激後所產生的痛覺。辣椒的辣椒素、胡椒的胡椒鹼、薑的薑醇和大蒜的大蒜素，全都是會產生辣味的物質。它們會敲敲門，打開 "TRPV1" 通道蛋白，產生出與接觸到溫度 42 ℃ 以上的物體相同的疼痛感。

之所以要特別指出 42 ℃ 以上的溫度才會使痛覺受器產生反應，是有原因的。因為這個溫度是可能導致細胞產生物理性損傷的危險溫度。TRPV1 肩負了燒燙傷防治中心的任務，保護我們身體免於被高溫燙傷。當辣的東西碰到舌頭或皮膚時，我們的大腦就會讓身體感到彷彿「正在燃燒」，以示警告。且辣的成分濃度愈高，痛感也愈嚴重。也就是說，我們吃到辣的東西時會流很多汗，心臟也跳得很快，這全都是因為大腦的錯覺所引發的現象。

但這個錯覺也會導致我們對辣味上癮。辣椒素碰到舌頭時，大腦為了減低痛感，會釋放出天然止痛劑 —— 腦內啡 (endorphin)，這種物質會使人的痛感被舒緩，同時感受到輕微的恍惚。所以人家說吃辣能紓壓，可不是隨便說說的。

不過雖然有會辣的植物，卻沒有會辣的動物。為什麼只有植物們擁有辣的成分呢？這是因為植物無法移動逃跑，為了保護自己免受哺乳類和微生物的侵害，只能出此策。散發辣味的物質通常具有抗菌作用，能夠殺死種子中的細菌。當然，想製造出某種物質，就需要許多能量與精力，因此這些植物也必須承擔可能會導致果實結得不夠多，或生長遲緩的代價。儘管如此，對某些植物來說，製造出辣的物質在生存和繁殖上還是利大於弊。

陸地上的哺乳類大部分都擁有 TRPV1 這種通道蛋白，所以吃不了嗆辣的辣椒，應該僅有人類會想將辣椒吃下肚。不過鳥類卻可以盡其所能地享用辣椒，這是因為鳥類雖然也具有 TRPV1 可以感知溫度，但由於牠們的構造與人類或哺乳動物的 TRPV1 不同，辣椒素並沒有辦法刺激這個通道蛋白，因此並不會感受到所帶來的疼痛。而當鳥類吃下辣椒的果肉後，會再將完整的種子排泄出來，成為傳播辣椒種子的一大功臣。

辣味成分中的辣椒素、胡椒鹼和薑醇均是不會溶於水的非水溶性物質，所以要是吃了像辣雞麵那種極辣的食物而痛苦不堪時，喝水其實是沒什麼幫助的。此外，喝熱水比喝冷水更有用的論點也是錯誤的，因為熱水只會更加刺激痛覺受器而使痛感倍增而已。這種時候最有效的緩解方式就是喝牛奶，因為黏在舌頭上的辣椒素可以溶於牛奶的脂肪酸中，並跟著被吞下肚。

　　某些科學家也曾將我們喜歡激烈辣味這件事，與喜歡坐遊樂園刺激性遊樂設施的原因做比較。雲霄飛車能夠帶給我們爬得很高之後再翻個跟斗，接著又再次衝向天際，這樣十足的驚險駕駛經驗。但萬一這樣的經驗不是在遊樂園體驗，而是發生在實際的火車或汽車時會怎麼樣呢？我們應該會被衝擊和恐懼嚇得渾身顫抖，一時很難振作精神吧！但偏偏以我為首的很多人，都會為了親身體驗這種魂飛魄散的刺激感而掏出錢包，排上長長的隊伍去坐雲霄飛車。這其實同樣也是因為大腦受到刺激，會產生快樂荷爾蒙，也就是腦內啡的關係。

　　大腦將雲霄飛車的體驗認知成遇到危險的狀況，於是會分泌帶來快感的荷爾蒙，以避免感受極端的痛苦。但實際上，我們並沒有發生任何危險的事。因此等雲霄飛車停下來之後，大腦就可以在剛剛不過是誤認危險，實際上是安全、安心的情況下，盡情享受快樂荷爾蒙帶來的心理快感。

　　吃辣時，大腦會以為舌頭著火，於是亮起了警示危險的紅燈，但又頓時發現，這只不過是感覺受器誤會刺激來源所產生的錯覺，此時痛苦就會被腦內啡帶來的朦朧愉悅感取代而記憶下來。這就是我們抗拒不了辣味疼痛的原因。

馬拉松選手才懂的
碳水化合物力量

　　我有一陣子被大家稱為「通識女王」。這並不是稱讚我很有禮貌或擁有豐富的常識，而是因為大學所讀的科系跟我的個性不太合，所以除了系上的必修課之外，大部分的學分都是靠通識課換來的，於是系上同學就幫我取了這個綽號。

　　文學、地球科學、兒童心理學、日本文化、防身術、有氧舞蹈……等這些各式各樣的課程們，不僅為我帶來了學習知識的樂趣，對提升因為必修而崩壞的成績也功不可沒。我還記得其中的一門課，名稱叫做生活體育，教授講解了馬拉松和食療法之間密不可分的關係。我還以為馬拉松只要有耐力，從頭跑到最後就行了。但據說，毫無計畫地亂跑，很容易導致中途放棄。哎呀！真是意想不到。

　　原來要跑完全程馬拉松，不是單純體力好就能辦到的。這是因為身體內儲存的能量，會在跑步途中就用盡的關係。所以馬拉松選手們從大賽的一週前，就會開始併行運動和食療法。所謂的食療法，就是盡量將作為人體內養分儲存分子的肝糖 (glycogen) 儲存量提到最高的意思。

　　人類的身體已盡可能演化為能夠儲存最多能量的型式。我們攝取食物所獲得的碳水化合物，在經過消化後，幾乎大部分都會被分解成葡萄糖，並作為能量來源而被使用。至於超過身體能量所需的葡萄糖就會被儲存在肝臟和肌肉中。這時，屬於單醣的葡萄糖會脫水聚合為高分子型態以利儲存，而這種經過脫水聚合所形成的「儲存型葡萄糖」就是肝糖。平常肝臟裡頭會儲存有 100 公克的肝糖，而肌肉約能儲存 200 公克，這樣的量其實非常稀少，但至少能夠讓人在完全不攝取任何食物的情況下撐過一天。

　　馬拉松選手起跑之後，身體裡的肝糖便會開始消耗，但依一般情況下所儲存的肝糖量來說，要跑上 42.195 公里是遠遠不夠的。在跑到 30～35 公里前後，肝糖就會被全數消耗完畢，讓馬拉松選手們面臨極度缺乏能量的狀況。此時，體內所囤積的脂肪便會開始取代肝糖，作為能量的來源。

　　然而，分解脂肪所需的氧氣量比分解肝糖時還要多更多。在運動時，肌肉細胞本身要使用的氧氣就已經很不夠了，竟然還得在這種情況下把氧氣分配到分解脂肪上面，運動能力自然就會急速下降了，且肌肉的疲勞更是難以言喻。所以說，一旦開始運動後，可以持續到何時，以及能用何種速度和力量持續下去，說是由體內的肝糖儲存量來左右其實一點也不為過。

　　換句話說，若想在馬拉松比賽中獲得好成績，關鍵就是在賽前將肝糖儲存量盡可能提到最高。但令人意外的是，想提高肝糖

儲存量，就必需將預先儲存量降到趨近於 0。馬拉松選手們最早會在比賽前一個月，就開始調節飲食菜單。食療法的初期是像平常一樣進食，並大量攝取富含鈣和鐵的食物，這是為了預防在跑馬拉松的途中發生貧血。而到了比賽的 2～3 週前，便會把進食量調整為平常的 80%，並增加蔬菜、水果的攝取量。

到了比賽的 3～4 日前，選手們會正式啟動稱為「醣原負荷法 (carbo loading)」的食療法。這種食療法會先將體內原本儲存的肝糖全部消耗掉，並重新進行儲備。剛開始時，飲食上必須盡量減少碳水化合物的攝取量，改蛋白質取代，以增加體內蛋白質的量。在這個狀態下進行訓練，由於體內以攝食取得的碳水化合物不足，無法負荷活動所需，只好取出儲存的肝糖來用。

當儲存的肝糖消耗到幾乎見底時，就必須停止運動，並大量攝取飯、麵、麵包等碳水化合物，以重新儲存肝糖。如此度過剩下的 3～4 天後，到了比賽時，身體內的肝糖儲存量就能一飛衝天，幾乎達到平常的 2 倍。這近乎完美的食療方法使得 1980 年代的馬拉松紀錄被大幅縮短，但卻也有著使選手們感到身體沉重、帶來憂鬱感，使自信心下降等缺點。

相對地，對於參加 100 公尺等短跑的選手而言，比賽之前並不需要特別進行什麼食療法。因為短跑的時候會盡量不呼吸，所以不會分解使用儲存的能量。短跑選手在賽前為了要在短時間內激發出爆發力，得仔細地鍛鍊肌肉，避免體重增加。因為身體一

旦變得笨重，就沒辦法跑得快。總結來說，短跑選手跟馬拉松選手相反，在比賽前反而需要減少飲食菜單中的碳水化合物。

為了寫這篇文章，我打開了好久沒翻過的舊筆記本。我一邊驚訝「馬拉松裡竟然藏著這種科學！」，一邊回想起當時的興奮之情。我瞬間明白了：人生會隨著知識增長而有所改變；還有，這世上還有太多我所不知道的事情了。

春天和秋天是馬拉松大會的旺季。全韓國每年舉辦的馬拉松大會有四百多個，據說光參賽人數就高達十萬人。如果讀到這篇文章的讀者之中，有人計劃挑戰即將來臨的季節馬拉松大會，我想悄悄建議各位嘗試一下這個方法。啊，當然我也可以自己去跑跑看，體驗一下。但若沒看到我參加，那是因為沒有跑鞋和運動服，這絕對不是我在為不想跑或是太懶找藉口喔！

聲音不只能用耳朵聽到

　　2012 年倫敦奧運開幕式，有一千位鼓手登上了舞臺。其中，站在最前面的是一位有著長髮，彷彿女神降臨般進行華麗演奏的鼓手。這個節目中共有數千位表演者跟著她的鼓聲伴奏，主旨是重現工業革命時期。這位鼓手就是世界級的演奏家——依芙琳·葛蘭妮 (Evelyn Glennie)。她演奏鼓或打擊樂器——馬林巴木琴時，那聲音與節奏的精緻感與正確性，讓人不禁想全神貫注聆聽。

　　雖然以傑出的演奏實力聞名全球，但她其實擁有著很特別的經歷。出生於 1965 年的她，是個聽不見聲音的失聰人士。她八歲時開始出現聽覺障礙，十二歲時完全失去了聽力。儘管如此，她仍舊是個能跟交響樂團進行完美演出的頂尖演奏家。在 2016 年時她曾訪問韓國，並與 KBS 交響樂團一起登臺，演奏了數一數二困難的約瑟夫·史瓦特納 (Joseph Schwantner)《打擊樂協奏曲》(*Percussion Concerto*)。

　　她沒有使用助聽器等輔助器材，而指揮或其他人也沒有對她發送可以讓她辨認旋律的特殊訊號。表演中的她，就只是專注在演奏上面而已。聽不見的她，到底是怎麼配合其他人的節奏，和別人一起進行合奏的呢？這真的有可能嗎？

　　葛蘭妮曾表示，她並不是靠耳朵去聆聽聲音，而是用腳、用指尖、用臉頰、用手臂、用全身。因為聲音是依靠空氣傳遞的振動，是一種波動，所以這是有可能的。聲波藉由空氣傳進耳朵，在撞擊鼓膜之後引發振動，並經過具有音響功能的聽骨進行增幅放大。而增幅過後的聲音會被耳蝸的聽覺細胞感應，並透過聽覺神經傳至大腦進行判讀。

　　「波動」指的是振動擴散至四周的意思。然而振動要擴散，就需要透過物質來進行傳導，也就需要所謂的介質。除了一般空氣可以作為介質外，水等液體或固體也都可以是介質。在具有這個知識之後再去看電影《星際大戰》(Star Wars)，就會知道當飛船經過時會有咻的聲音，其實是不可能的。因為宇宙中並沒有空氣，當然也就不可能有辦法傳遞聲音了。

　　葛蘭妮的情況則是，她將自己的身體當成了介質。為了能更敏銳地感受到其他樂器的聲音，她在臺上是不穿鞋的。

　　就算是聽力很好的人，也沒有辦法聽見所有的聲波。人類的耳朵只能聽見頻率❶在 20～20000 赫茲 (Hz) 之間的音波。聲音會依照頻率及振幅❷來變化高、低音及大、小聲。以聲音高低為例，

---

❶ 振動運動中，物體往復運動時，單位時間內發生重複運動的次數，也就是物體在 1 秒內振動的次數。
❷ 發生週期性振動時，從振動中點移動之最大距離，也就是波動的幅度。

聲樂家中的女高音 (soprano) 其聲音的振動頻率便很高，而女低音 (alto) 的聲音振動頻率則較低。另外，聲音的大小是由波動的幅度（振幅）決定。振幅大的話聲音就大，振幅變小時聲音則跟著變小。

若是 100 赫茲以下的低音，身體會比耳朵更能感受得到。比如讓胸口撲通撲通跳的貝斯，或是能振動身體的鼓所發出的低音，都是很好的例子。葛蘭妮用全身可以感受到的聲音範圍，或許比用耳朵聆聽的人來得更廣也說不定。

其實世界上也有其他動物跟葛蘭妮一樣，是以「感受」來聆聽聲音的。例如蟋蟀是用前腳，蚊子則是靠身上的細毛來感知聲音。除了昆蟲外，蛇也可以靠全身來感受振動，並用舌頭感知聲音的方向與距離。自然界中的生物，除了上述這些能夠靠身體各種部位來感知聲音的能力外，其實還有很多動物擁有另一項超能力，就是可以聽見人類聽不見的聲音。像是蝙蝠、海豚、蟬和蛾都具有僅牠們各自聽得見的聲音頻率範圍。那些超過人類可接收範圍的聲音，就被稱為超音波。

在葛蘭妮的演講中還提到，第一位教導她音樂的老師，在第一次上課時，並不是直接把鼓棒交給她，反而是教她用全身去感受鼓的振動。例如使用指尖和手肘輕觸鼓面，感受大小聲音的振

動強度；或者敲敲看鼓的外緣、用各種東西嘗試打鼓，讓身體去
感受各種不同聲音所帶來的振動。

很多人會問她：「聽不見怎麼有辦法演奏呢？」

她是如此回答人們的這個問題：

「我的身體就是聲音的共鳴腔。對我而言，整個身體就是巨
大的耳朵。聲音不是只有耳朵才能聽見的。」

近視和遠視，
為何看見的不一樣呢？

　　我每天晚上都像在拍不斷追逐的恐怖電影般，在後面跑的是蚊子，被追的人則是我。我家附近有山，雖然吹來涼爽的風很舒服，但一到晚上，蚊子們就會嗜血地蜂擁而上，真的很痛苦。

　　其實我不太會打蚊子。雖然覺得自己運動神經還算不錯，也有爆發力，但是一面對蚊子，儘管總是一肚子火，但卻一點辦法也沒有。因為在眼前晃來晃去、像跳舞般逃竄的蚊子到底在什麼地方，真的很難瞬間看清楚。會這樣大概都要怪我兩邊視力差很多的不對稱「大小眼」吧！

　　我左眼的視力是1.0，算是好的，但右眼卻完全相反，只有不到0.2。因為視差很大的關係，所以兩邊眼睛負責看的目標不太一樣。遠的東西很自然地就會用視力好的左眼看；而近的東西則用右眼看。這跟我個人的意志無關，是身體自然而然就變成這樣了。眼睛的動作就和心臟跳動，或小腸和大腸的蠕動一樣，是由自律神經調節的，無法由我的意志控制。那我的雙眼究竟發生了什麼事，讓兩邊看到的東西會如此不一樣呢？

　　只看得清近處東西的症狀叫做近視，而只看得清遠處的東西則叫做遠視。不論哪一種視力問題，都像沒有對焦的相機一樣。

我們的雙眼中各有一個功能類似凸透鏡的水晶體，簡單來說就是放大鏡。想必各位都有用放大鏡聚集陽光來燒紙的經驗，凸透鏡的功能就是像這樣把分散的光聚集起來。

　　水晶體的上下具有被稱為睫狀體的肌肉，它會重複收縮和鬆弛，調節水晶體的厚度，使進入眼中的光線聚集起來。進入瞳孔的光在通過水晶體後，會聚集投射至眼睛最內側的視網膜，並透過視覺神經將正確的影像傳達至腦部。但是要保持視力健康似乎並不容易，時常會發生影像投射在視網膜前方，或者投射在視網膜後方的狀況──前者便稱為近視，後者則稱為遠視。

　　近視的原因大致可分為兩種。首先是水晶體跟視網膜的距離可能太遠了，這種問題的成因可能是在成長過程中，水晶體至視網膜的距離過長所導致；第二種是水晶體和睫狀體的功能發生了異常。這兩種構造彼此合作無間，才能適度調節水晶體的厚度，讓成像正常投影到視網膜上。但若發生調節異常，使得水晶體的厚度不夠薄的話，就會變成近視。

　　凸透鏡鏡片的性質是厚度愈厚，光線的折射角度愈多。因此，太過厚實的水晶體便會使得影像被投射至視網膜的前方。而可以抵銷過厚水晶體產生成像問題的東西就是凹透鏡了。凹透鏡能使光線向外發散，因此配戴厚度適當的凹透眼鏡，就能讓物體散發的光線先散開後再進入眼中，便可以讓成像的位置更往後一點。所以看不見遠處東西的人，就會配戴凹透眼鏡來矯正視力。

　　遠視的情況則全都跟近視相反。遠視的意思是，水晶體跟視網膜間的距離很短，或者水晶體無法順利變厚所造成的視力問題。為了讓水晶體變厚，睫狀體必須盡可能地收縮，以對水晶體施力。但上了年紀之後，睫狀體也會像其他肌肉一樣衰退，會變得雖然看得清遠處的東西，但近處的物體卻相對地因為無法對焦而看不清楚，這時需要的東西就是屬於凸透鏡的老花眼鏡。爺爺奶奶之所以需要在鼻子上掛著老花眼鏡看報紙，就是因為這樣。

　　近視跟遠視，我的兩隻眼睛很相親相愛地各有一個。雖然平常生活沒有任何不方便的地方，兩隻眼睛各有專責的區域也很好，但問題在於兩者專責距離之間的界線。我近視的右眼愈來愈看不清楚的時候，就開始是左眼要負責的距離了，然而由於這個距離剛好是兩眼視力的模糊地帶，因此看到的成像十分模糊，但蚊子就正好都是在那個位置飛來飛去，讓我不禁眼花撩亂。

　　所以打蚊子時，我總是感覺蚊子在前面，又好像在後面，就在我驚呼「喔喔」的瞬間，蚊子又逃到了別的地方。蚊子的問題實在是讓我困擾，打又打不到，但殺蟲劑對人體不好，也不想噴防蚊液；可是又不能因為蚊子不睡覺，也沒辦法搬到蚊子比較少的地方，更不可能因為要打蚊子去做單眼的雷射手術。不過，在我苦惱不已的時候，解決的辦法卻意外地出現在眼前。

　　我買了長得很像帳篷的蚊帳，它的價格不算貴，而且用法也很簡單。現在蚊子已經不會再打擾我的美夢了。對於過去在大半夜猛然地起身，睜著火眼金睛追尋蚊子蹤影的日子，容我稍做惋惜。真是的，怎麼不早點買呢！看來這個問題也許不是出在眼睛，而是在腦袋吧！

跟泡麵説再見的方法

　　我的姊夫是煮泡麵的達人。不用特別計算時間，他光憑感覺所煮出來的泡麵就非常好吃。適度的鹹味和 Q 彈不軟爛的麵條是基本，加上雞蛋、青陽辣椒、黃豆芽等配料，呈現出最完美的組合。但姊夫有一天卻突然對泡麵提出了分手。這個決定應該是不久之前，他跟家人們坐在一起討論「療癒食物 (healing food)」的時候下定決心的。

　　所謂的療癒食物，指的是可以治癒人心的食物。想必每一個人都會有自己特別喜歡吃的東西。就是那種平時常吃，或者會週期性想起來的食物，還有生病或疲憊的時候，會莫名想找來吃的食物。而且在吃完之後，不只會有飽足感，還能在精神上得到深深的滿足。

　　療癒食物很可能跟個人過去的某段記憶或情緒有關。那些在小時候感到幸福瞬間所享用的食物，或者常常吃到的食物，都很有可能成為個人的療癒食物。所謂的療癒食物，雖然並未得到相關學科的證明，但我認為，喜歡的食物跟記憶有關這點，至少是有道理可循的。因為大腦最深處確實有一個叫做基底核的區域，其功能就與記憶和習慣養成有關。

　　人類的大腦要做的工作實在太多了。除了要注意整個身體，還要統整思維、做出判斷，幾乎沒有可以休息的時間。重量僅1.5 公斤的大腦，需消耗的氧氣大約是我們全身使用的 25%，由此可知，我們腦的活動量有多巨大。甚至在我們睡覺時，腦的一部分也必須保持清醒。所以不管看起來有多懶的人，其實他的頭殼裡都裝著這樣一顆時時刻刻都在工作、辛苦而疲憊的大腦。

　　大腦為了多少減輕一點工作的負擔，於是準備了一個巧妙的裝置。這就好比在瓦斯爐上煮飯的話，就得擔心煮滾後會不會滿出來、會不會燒焦等，要注意的事可不是普通的多。最重要的是，在飯煮好之前，都不可以忘記瓦斯爐上正煮著一鍋飯。

　　但如果用電子鍋煮飯，在米煮熟的過程中就可以一邊做其他的事或者休息，而不用擔心飯會燒焦，因此心情也可以很平靜。就像電子鍋會自動把飯煮好一樣，我們的大腦裡也具有能讓日常生活中經常重複的一系列過程，無須經過額外判斷就能自動執行的地方，那就是基底核。基底核屬於大腦的一部分，外型像蝸牛的形狀，包覆著大腦最內側的視丘。在我們重複某些動作時，基底核會將整個過程記憶下來，在之後接收到與這些動作相關的訊號時，就可以自動做出記憶下來的一系列動作。

　　我們一開始學用電腦鍵盤打字時，得一一確認ㄅㄆㄇㄈ的位置在哪裡，再記下來。為了打出「泡麵」這個詞，必須在鍵盤上一個個確認ㄆ、ㄠ、ˋ、ㄇ、ㄧ、ㄢ、ˋ 的位置，然後再用手

指敲下按鍵。但一旦熟悉之後，打字時就不需要再一一確認按鍵位置了。只要將手擺到鍵盤上，手指便會自動和思緒同時動作，敲擊鍵盤在螢幕上打出腦中想的字，這便是因為打字的行為已經被存在基底核裡了。之後只要透過思考，手指就會自動開始動作。像這樣透過重複學習讓身體能夠自動進行的動作，就叫做「習慣」。所以說，基底核就等於是存放我們身體習慣的倉庫。

　　一旦資訊被存入基底核，就很難輕易消失了。就算大腦的其他部位受到損傷，造成判斷或思考能力明顯下降，但只要基底核沒有受傷，習慣便會被留存下來，人就可以繼續依照習慣行動。雖然習慣的養成看起來很容易，但事實上要讓一種行動成為習慣，還需要另外兩項要素，就是「訊號」與「獎勵」。關於習慣形成的過程，有一個實驗可以作為優秀的佐證。

　　實驗的方法是：在將一隻老鼠放進迷宮裡後，擋在老鼠前方的小門會隨著一個「喀嚓」聲應聲而開。門後的通路分成兩邊，在其中的一邊放著牠喜歡的飼料。實驗一開始，在門打開後，老鼠會猶豫好一陣子，接著慢慢走進迷宮門內。為了要找出某處傳來的飼料香氣究竟在哪裡，老鼠的鼻子會不停抽動。經過一段時間的嘗試與找尋，老鼠終於找到並享用到了飼料。在重複進行這個過程多次之後就會發現，隨著進行次數愈多，老鼠找到飼料所花的時間就愈短。到了最後，甚至只要在發出「喀嚓」聲的瞬間，老鼠就會直朝有飼料的那一邊飛奔而去。

　　事實上，大腦在這個過程中的運作是有很大變化的。一開始在探索時，腦的大部分區域都會靈活地進行運作，而基底核則相對地很安靜。但隨著找到飼料的速度愈來愈快，可以發現基底核的活動也漸漸地愈來愈活躍，而且老鼠在朝飼料方向奔去的一系列動作中，大腦其他區域的活動是停止的，一切僅靠基底核的靈活運作。我們能夠將整個過程簡單歸納為三個步驟：在聽到「喀嚓」聲，並經由腦部產生訊號後，身體自動做出行動，還在最終得到了飼料這個獎勵，也就是「訊號—重複動作—獎勵」的過程。在一次又一次的重複執行動作中，這一系列的訊息處理過程就會被記憶下來，並使身體自動做出反應，此時就表示「習慣」已經被養成了。

　　人類養成習慣的過程也是一樣的。以之前段落所舉的打字為例，在腦部發出想要打字的訊號之後，手指就會開始動作，並藉此得到讓思緒化為文字的獎勵。事實上除了行動之外，思緒和情緒也是可以變為習慣的。例如重複感受過睡前刷牙的舒爽感後，人們就會覺得沒刷牙感覺怪怪的，反而睡不著覺。

　　當然世界上不是只有好的習慣，也有會讓人不舒服，或害人生病的壞習慣。像是不刷牙的習慣就會導致蛀牙，不過等到牙痛時，就會知道必須改變一下習慣了。這是因為經歷良好體驗的時候，就會產生讓人想要反覆執行的「獎勵迴路」；同樣地，在經歷到不好的體驗時，也會產生讓人避之唯恐不及的「厭惡迴

路」。可惜的是，在「訊號—重複動作—獎勵」的階段中，我們可控制的部分就只有「重複動作」的內容而已。針對特定動作或事物的訊號湧現想做什麼或者不想做什麼的想法（發出訊號）這件事，常常是經由我們大腦藉由過往經驗直接判斷，無法輕易的改變。不過從行動的改變也是可以停止或改變習慣的，回到刷牙的例子，只要督促自己持續地刷牙，久而久之也是可以將壞習慣改掉的。

當然，實際情況可能不像用講的這麼簡單。無論如何都很難改變習慣時，與其硬是要讓原有的習慣消失，不如把目標轉為養成比較簡單的習慣，也是一個好辦法。

無法養成刷牙習慣的人，很可能大部分都是因為覺得刷牙很麻煩，使得刷牙這個行為形成厭惡迴路，並因為重複執行而持續受到強化，讓這些人更加排斥刷牙。所以要讓不常刷牙的人拿起牙刷，是需要花很多力氣的。這時或許可以換個解決方式，改為試著養成新的習慣。例如比起要求他們刷牙，可以先鼓勵他們開始用牙線，或者用漱口水漱口，使不喜歡刷牙的人體驗舒爽乾淨的感覺。透過這些重複動作，在他們體會口內變乾淨的感覺作為獎勵之後，願意養成刷牙習慣的機率就會變高了。

所有習慣的動作執行，都是源於腦部產生的某種訊號。因此若想要改變習慣，最重要的就是得先瞭解會讓身體執行該習慣的起始訊號為何。例如若想要戒掉某些已經習慣吃的食物，就得先

瞭解是在腦部產生何種訊號的情況下就會開始想吃它，才能避免那些訊號引起「吃」的重複動作。

我姊夫小時候，因為父母都出外工作的關係，很常一個人獨自待在家。姊夫的爸媽為了他，總是準備好一堆泡麵擺在家裡。所以姊夫在無聊或者肚子餓的時候，就會煮泡麵來吃。也就是說，在他肉體或精神上接收到「空虛」的訊號時，就會開始進行「煮泡麵」這個重複的動作，並藉此得到「飽足」或「滿足感」的獎勵。因此泡麵對姊夫而言，就變成一種療癒食物。

這個小時候養成的習慣，一直到他現在五十歲了都還留著。原本以為泡麵煮得好這件事是自己的味覺卓越使然，但後來發現這個行為不過是習慣中的重複動作而已，據說姊夫覺得很不是滋味，所以乾脆就趁著這次機會決定戒掉泡麵了。不管最後會不會成功，我覺得這都是一項很有意義的嘗試。

我現在正把蘋果和柿子切片，想做成果乾給姊夫吃。要讓長久以來的習慣消失真的很困難，不過我想，用水果乾代替泡麵應該會比較健康吧！雖然也有可能結果是泡麵跟果乾都一起吃下去，產生長出小腹的副作用也說不定。不過我的初衷就只是想替姊夫加油而已，想為他的決心掌聲鼓勵。

明媚春光的力量

～～～～～～～～～🔍

　　春天陽光燦爛地灑落在街上的時候，總會讓我感到怦然心動。我想把穿了整個冬天、陰鬱厚重的大衣洗乾淨掛進衣櫥裡，再換上粉嫩色系的外搭襯衫走在春日的街頭。

　　但很奇怪，身體總是提不起勁，一直打哈欠。明明沒有比其他日子動得特別多，或有過勞的情況，但眼睛就是腫腫脹脹的，且身體沉重無比，疲憊得無精打采。在天氣暖和的週末，被睡意籠罩、不知不覺度過一天之後，我才「啊哈！」地恍然大悟，這一切原來是每個春天都會找上門的「春睏」所害的。

　　春睏最常見的症狀就是在原本應該非常清醒的大白天，卻感覺懶洋洋地，睡意不停襲來。這個問題特別常發生在居住於北半球的人們身上，至於發作的原因主要有以下幾項推測。

　　首先有一個假設是，這是身體跟不上季節變化所產生的副作用，與負責調節生理節奏的褪黑激素 (melatonin) 有關。褪黑激素是一種賀爾蒙，可以感知光線、依光週期調節生理時鐘❶，並以此為基準，決定身體一天的睡眠時機及血壓高低。

────────────

❶ 因為地球自轉軸傾斜，除了赤道地區外，日長與夜常會伴隨四季更迭而有週期性地變化。

　　動物交配和冬眠的時機，也是依這種荷爾蒙的分泌情況來決定。褪黑激素分泌的量會依照進入眼中的光線強度而改變，特別是在沒有光的夜晚分泌特別旺盛，所以在黑夜較長的冬天，就會產生較多褪黑激素，這也使得動物的睡眠時間跟著變多。

　　到了春天，由於進入眼中的光線強度變強，白天也變長了，使得褪黑激素的分泌減少。但相對地，這也使得另外一種只有被陽光照射時，才會分泌的荷爾蒙——就是被稱為「幸福荷爾蒙」的血清素 (serotonin) 分泌量開始升高。

　　血清素能使人的精神保持在清醒狀態，也具有讓心情變好的功能。因此當血清素分泌量增加時，人們進行正面思考的時間就會增多，且活動量也自然而然變大了。總結來說，春天時節由於褪黑激素分泌量下降，使得睡眠時間變短了；但與此同時，由於血清素分泌量增加，使得身體的動作也隨之增加，兩者共同作用下，身體不可能不感到疲憊。

　　另一方面，也有其他假說指出，春睏現象跟春天陽光並沒有關聯，而是由體內一種可調控細胞週期❷的週期蛋白 "Cyclin A" 分泌量改變所引起的。這種週期蛋白可以調控影響睡眠時間的神經元之細胞週期，進而達到調節睡眠和起床週期的效果。

---

❷ 細胞週期是指每次細胞分裂結束後到下一次分裂的時間。

於 2012 年，美國洛克斐勒大學的麥可・楊恩 (Michael W. Young) 教授團隊，針對果蠅神經細胞中的數千個基因進行了研究。在冬天時，細胞內的 Cyclin A 分泌量很充足，使得神經細胞的活性受到抑制，果蠅就能夠維持很長時間的深度睡眠。但到春天時，由於該蛋白的分泌量減少，神經細胞的活性逐漸回復，果蠅因而無法好好入睡，於是便出現了反覆睡睡醒醒、深度睡眠時間變短的跡象。而這種週期蛋白——Cyclin A 也存在於人類的神經細胞之中，因此在春天時，隨著此種蛋白質的分泌量減少，影響睡眠時間的神經細胞活性不再受到抑制，就會使得人們無法好好睡覺，於是春睏的症狀便發生了。

不管是受到褪黑激素、血清素，或者蛋白質分泌量的影響，春天會出現春睏現象是一個不爭的事實。其實光線強度造成荷爾蒙變化所產生的影響，不只出現在身體，就連情緒的起伏也會變嚴重。春天的力量不只帶來了春睏現象，其影響還包括：花粉和強烈陽光引起的過敏症狀，比起其他季節來得更多；天氣的激烈變化導致免疫力下降，使得這個季節更容易感冒。

還有一個很有趣的研究也找到了春天力量的另一個意外影響。根據美國《洛杉磯時報》(Los Angeles Times) 報導，據說意外懷孕案例發生最多的季節就是春天。這是因為春天會促進女性排卵，且此時男性的精子數量也是最多的。

　　這個報導是引用自刊登在著名科學雜誌《科學人》(*Scientieic American*) 上的研究，感覺不會是毫無根據的內容。對於這個發現，我個人是忍不住大大點頭贊同。依照推算，如果是在春睏症狀最嚴重的 2～3 月懷孕的話，則小孩在 11 月出生的機率就會很高，而不可思議的是，我的朋友裡真的有 5、6 個人的生日都是集中在 11 月。我真的很想知道，他們的生日為什麼都擠在一起，因為每年為了慶祝他們的生日，常把我的銀行戶頭弄得空空如也。聽到這則報導，感覺像是終於解開了一個長久以來的謎題。

　　人類學家們則對於人體還存在著春睏反應的原因有著不同的看法。有人認為這是原本會冬眠的原始人類，在朝向不冬眠演化的過程中所保留下來的現象。但以春睏為首，為何每個春天我們身上都會發生身體、心理上的變化，至今仍舊沒有發現明確的原因。前面提到的部分不過是眾多原因中的冰山一角而已。

　　幾年前，「在辦公室偷睡覺的方法」曾經登上韓國網路的熱搜排行榜。這實在太讓我好奇了，於是就忍不住點進了網頁，結果看到一張照片，就是在書桌下方放了一張低到幾乎水平的椅子，如此一來便可以躺在上面睡覺。這椅子太讓人心動了！因為「食睏」這種吃飽想睡的現象，總是不分季節、時時刻刻騷擾著我，而且據說只要 30 分鐘的短暫睡眠就可以提高工作效率呢！所以我們應該要迅速引進這種可以躺平的椅子。這可是為了提高工作效率，而不是滿足我的食睏問題喔！

很實用的打噴嚏常識

　　深夜，我在坐公車回家的路上，有一名中年男子坐在我前面。不知道是不是感冒了，他連續打了好幾個噴嚏。真的不誇張，直到我下車為止大約五分多鐘的時間，他「哈啾、哈啾」地打了超過十個以上的噴嚏。於是我偷偷用手摀住了自己的口鼻，因為很怕前面的人在打噴嚏時從嘴巴、鼻子跑出來的什麼東西，會跑進我的鼻子裡。

　　你問我是不是太敏感了？這可不一定。事實上，就有個研究證明了我的擔憂並不是被害妄想症發作。美國麻省理工大學研究團隊用超高速攝影機將人們打噴嚏的樣子拍攝下來，並進行分析。結果顯示，打噴嚏時口鼻中會噴出大大小小的粒子，雖然那些尺寸大於 5 微米 ❶(μm) 以上的粒子會馬上掉到地上，但小於 1 微米的粒子則會像雲朵般結成一團，飄浮在空中一起移動，還可能藉由冷氣機或暖氣機的風從一棟房子被吹到另一棟去。而且這個尺寸的微粒，其中也可能含有伊波拉或 MERS 病毒，真的很恐怖。

---

❶ 微米為長度單位，為公尺 (m) 的百萬分之一，1 微米等於 0.000001 公尺。

那天在窗戶緊閉的公車上，我就坐在那個打了十幾個噴嚏的人正後方。到底有多少看不見的小水珠碰到了我的臉和鼻腔黏膜呢？實在是不敢再繼續細想下去了。

打噴嚏是我們的身體為了避免灰塵、花粉或細菌等異物進入體內，而自動產生的一種防禦機制，過程說穿了就是將肺部的空氣經由氣管一口氣迅速排出。進入鼻腔的細微灰塵在碰到鼻毛和黏膜後，鼻腔會分泌一種叫做組織胺 (histamine) 的物質。組織胺不僅會促使鼻水流出，同時還會刺激鼻子通往大腦的神經，讓身體做好打噴嚏的準備動作。接著，眼睛、鼻子、嘴巴、臉頰、喉嚨、胸部的肌肉一口氣連動，就能痛快地打出一個噴嚏。

我有一個跟打噴嚏有關的特殊習慣：當想打噴嚏又打不出來的時候，我就會抬頭看日光燈或太陽。不可思議的是，一看到光，噴嚏就能順利打出來了。我還以為這是理所當然的習慣，但因為有一次被朋友問了：「妳為什麼每次打噴嚏都要看太陽？」我才知道不是每個人都這樣。我之所以每次鼻子癢時看向光源就能成功打出噴嚏，是因為神經傳導錯誤的關係。雖然僅有光線進入眼睛，但眼睛卻向大腦誤傳了鼻腔有異物侵入的訊號。大腦判斷既然有異物（光線）侵入鼻孔（眼睛），就會想要打噴嚏。這個原理同時也是原本待在室內的人，在突然照到陽光的當下就會馬上打噴嚏的原因。這種現象被稱為「光噴嚏反射」，據說全世界每四個人當中就有一個人天生是這樣。

　　猶太教經典《塔木德》(Talmud) 中有一句話是：「貧窮、愛和噴嚏是無法隱藏的。」就算我們可以通過意識控制，勉強稍微延後打噴嚏的時機，但只要一打出噴嚏，不管是聲音或動作一定都非常明顯，打噴嚏就是如此激烈的一件事。經過數據分析，打噴嚏時所噴出的氣體，有著高達 50 ～ 70 公里的驚人時速。與此相比，放屁所排出的氣體時速最快也不過只有 3.6 公里而已。當然，眼淚流出的速度又慢上了許多。若將人體排出某樣東西的速度進行評比，是否有比打噴嚏更快的方法呢？據我所知是沒有的。

　　雖然噴嚏很擾人，但這個現象的發生還是會有日夜區分。雖然有很多人睡覺會打呼，但卻從來沒看過睡覺時會打噴嚏的對吧？這是因為在熟睡期間，引發噴嚏的神經細胞也會一起沉睡，進入非活性狀態，所以就算此時有灰塵跑進鼻腔裡，也不會打噴嚏。

　　感冒的時候所流的鼻涕，裡頭真的充滿了一堆病毒。那天於公車上坐在我前面的男子，他的病毒非常有可能隨著打噴嚏時噴出的微粒跑進了我的鼻子。但就算我真的吸入了，也不一定就會因為這樣而馬上感冒。因為我體內負責抵禦病毒的免疫系統還在正常運作，能夠正常地進行免疫反應，排除入侵的病毒。不過，若我的身體是處於過勞或疲勞堆積讓免疫力變差的狀態，就有可能感冒。所以平常吃好穿暖、保持充足的休息，就是維持健康最好的方法。另一方面，當不幸感冒的時候，我們也要為那些處於免疫力差、疲憊不堪狀態下的人們著想，乖乖地戴上口罩喔！

搓澡也有時機之分

　　我好像有超過十年都沒去過三溫暖了。別人好像都是為了邊玩邊休息才去的，但我不太懂那種感覺。因為我不喜歡去人多的地方，而且很抗拒穿不屬於自己的衣服，再加上想到要一腳踏上滑溜的澡堂地板，就覺得不太舒服。綜上所述的原因，我從小時候就很不喜歡去澡堂。雖然夏天時還可以拿各種藉口逃避不去，但到了冬天就沒辦法了。因為天氣逐漸變冷，皮膚就會開始出現汗垢，這時就連我自己看了都覺得髒，實在沒辦法不去。

　　記憶中，每當我把身體泡在熱燙的水裡，不久之後就會聽到媽媽呼喚的聲音。這時我都會先假裝沒聽到，因為可以的話，我想盡量晚點面對恐怖的搓澡巾洗禮。但每次終究還是會被媽媽抓著手腕，用力搓出一堆黑黑的細麵條汙垢，並且直到將我的全身搓到發紅之後，她才會安下心來。這就是寒假裡每個週末都會展開的戰爭。

　　究竟讓我這麼痛苦的體垢是什麼呢？體垢其實是灰塵之類的物質跟汗水、皮脂混合後，和皮膚的角質層一起脫落下來的東西。

　　從最外層開始算，皮膚可被分為「表皮—真皮—皮下組織」三層。表皮可以阻擋水或異物進入體內，負責保護我們的身體；

真皮位於表皮底下，具有汗腺、毛囊、皮脂腺、血管等組織；至於皮下組織則是由脂肪組成。

角質層指的是表皮中被推至最外層、堅硬的皮膚組織。在這層組織中的細胞並不具有被稱為細胞中樞的細胞核，這也意味著此層細胞是死的。角質層可以保護皮膚免受紫外線等各種外部刺激的傷害，或是讓細菌、病毒無法進入體內。

角質層雖是我們身體必須存在的組織，但也不需要將全數細胞長期留下。如果角質層太厚，便會使得毛孔被堵住，如此一來就很容易形成痘痘，因此還是要定期去除老廢角質層會比較好。但如果去得太過頭也是不行的。角質層除了上述的保護功能外，還有另一項重要的任務，就是阻擋水分蒸發。之所以在搓澡之後身體會覺得很乾，就是因為阻擋水分蒸發的角質層變薄了的關係。當角質層變薄之後，皮膚為了補償，便會製造出更多的角質細胞來向上替補，如此一來白色的角質細胞便會變多，使得角質層漸漸變厚。但要是在搓澡時去除過多的角質層，使角質層正下方的上皮細胞都被推擠到表層來，那皮膚真的會變得一塌糊塗。

為了預防這種情況，在搓澡時確認「麵條」的顏色是很有用的。被搓下來的角質層麵條顏色帶著點灰黑色，而上皮細胞層則是白色。因此如果搓出了白色的垢，就表示已經太超過了，這時就應該馬上停止搓澡。

在搓澡完之後也一定要塗抹保溼乳液，尤其冬天的時候更是不能忘記。因為到了冬天，為了避免體溫下降，皮膚的毛孔會變小。毛孔縮小的話，就會使得排出的水分（汗）變少，因此皮膚表皮會變得更加乾燥。再加上韓國的冬天空氣也非常乾燥，如果搓澡之後沒有塗抹保溼乳液，情況就是兩倍的乾燥，對皮膚而言簡直是災難。嚴重的話，甚至還會導致皮膚龜裂，或者乾性溼疹之類的悲劇。

小時候，媽媽在三溫暖幫我搓澡時都已經搓到把上皮細胞都搓光光了，而且也沒有給我乳液擦，但幸好一直都沒有發生什麼悲劇。可能是因為我們只有週末才會去洗三溫暖，因此有一整個星期的時間可以讓被破壞的皮膚層完全恢復的關係吧！

假如一星期有兩個星期天的話，不知道我的皮膚會有多煎熬呢！對於我曾經歷過的苦痛，就算是到了現在也想對媽媽復仇一下。啊！不過最後一次幫媽媽搓背是什麼時候呢？我突然對自己的不孝感到深深地自責。

我體內的暖氣

　　我們家就算到了冬天也不太常開地暖，這是因為光靠電毯和電暖爐就還過得去了。每當氣溫掉到零下的寒冷天氣持續好幾天時，我家的貓——咪咪就會在陽光最燦爛的陽臺睡一整個白天的覺，直到太陽快下山的時候才回到房間。

　　問題是晚上的時候，雖然我準備了用極細緻纖維做成的貓咪專用床，也鋪好鬆軟的毯子，卻還是會怕牠覺得冷。但我想，牠睡一睡如果覺得太冷的話，應該就會自己鑽進我的棉被裡吧！就這樣觀察了幾天，幸好咪咪過得很好。不同於只能用火熱的電毯和厚厚的棉被武裝起來的我，咪咪只要有毛，似乎就能好好度過冬日的寒夜。

　　人類非常怕冷，位於心臟附近的中心體溫平常都須維持在36.5 ℃上下，只要低個2 ℃，就會發生失溫的症狀，也可能導致血液循環、呼吸、神經系統出現問題。所以當遇到寒冷的時候，我們的身體便會自動進行兩種活動：不讓體溫下降的活動，還有製造熱能的活動。就像天氣冷的時候需要把窗戶緊閉（甚至還會貼海綿或泡棉），再打開地暖才能維持暖度一樣，身體內部也正在發生同樣的事。

　　想維持住體溫，就必須避免溫熱的血液流過寒冷的皮膚表層，導致血液冷卻。皮膚表層附近的血管收縮之後，體內血液由於進入微血管的量減少，因此大多都會在以心臟為中心的重要部位間進行循環。在寒冷的時候皮膚會變得蒼白、嘴唇會發紫的原因，就是因為流經皮膚的血液量減少的關係。

　　人會起雞皮疙瘩則是另一個避免熱能損失的辦法。長出毛髮的皮膚內側，有一種能使毛髮站立的肌肉，叫做豎毛肌。豎毛肌收縮使得毛髮豎立之後，各毛髮的高度之間就會產生空氣層，具有保持毛髮和皮膚間溫度的效果。但是這個方法只有在很久以前，人類的祖先還被毛髮覆蓋時有用，對於毛髮幾乎消失的現代人而言，幾乎沒有什麼效果。

　　除了雞皮疙瘩外，也得抑制汗的分泌量才行。因為汗蒸發時也會帶走皮膚的熱度。像人類這樣全身都分布汗腺，雖然熱時可以幫助散熱，但對於寒冷則較為不利。這個特徵為人類的祖先從溼熱的非洲起源，並在演化時所留下的痕跡。至於狗或貓由於幾乎沒有汗腺，因此牠們即使待在寒冷的戶外也還能撐得下去。

　　從體內產生熱能的過程，比起守住熱能的過程更加緩慢，這是因為過程中必須涉及荷爾蒙的關係。由於製造、分泌荷爾蒙的器官與執行荷爾蒙作用的器官很多時候是不同的，所以需要花上許多時間才能發揮效果。

　　腦下垂體位於大腦中央，負責總管荷爾蒙的分泌量，是荷爾蒙調節的指揮塔臺。腦下垂體發號施令後，甲狀腺和腎上腺就會各自分泌出甲狀腺素 (thyroxine) 和腎上腺素 (adrenaline)，促進新陳代謝和細胞呼吸。所謂的細胞呼吸，是指細胞利用養分和氧氣製造出水和能量的過程，在這個過程中，便能產生熱能以提高體溫。細胞呼吸所需的原料除了氧氣，還需要葡萄糖。這也就是為什麼在寒冷的冬天，會想吃熱熱的甜包子或鯛魚燒的原因。

　　整個世界都陷入凍結的寒冷冬日，對於大多數生物而言都是殘酷的季節。尤其是對於身處在人類至上的都市之中，總是被追趕、必須躲躲藏藏看人眼色求生的眾多生物而言，每一個日子都是賭上性命的一場鬥爭。我沒有自信面對那些在飢寒交迫下束手無策的生命們，對於在我眼前經過的流浪動物們，總是只能寄予同情而已。我還想過要不要在常看到狗狗、貓貓們的路上，放個鋪有小毯子的箱子，幫助牠們度過寒冬。但煩惱了數十次之後卻還是沒有勇氣，因此至今仍未實行。到目前為止，就只有偶爾會給牠們一點飯或飼料而已。

　　狗、貓、小鳥或人，都是有尊嚴的生命，那麼在這個人類至上的世界中，我們是不是更需要保有應該和牠們一起生活下去的意識呢？希望各位都有一個溫暖的冬天。

Part **3**

今天的地球
依然忙碌地轉動

「過去的星星」在夜空中閃耀

阿爾封斯·都德 (Alphonse Daudet) 的小說《繁星》(*The Stars*)，講述了農場主人的女兒斯蒂芬妮特和偷偷喜歡她的牧羊少年（明明是主角卻連名字都沒有）在山中偶然共度一晚的故事。小說中描繪了在山上放羊，連個人影都見不著的牧童孤寂生活。

小說的後半段，牧羊少年向斯蒂芬妮特講述了御夫座、獵戶座、天狼星、北斗七星等繁星和星座的故事，這個部分是整部小說的高潮。比起這部小說長篇大論的無聊訓誡，山中漫天繁星的這個浪漫設定，更讓我感到怦然心動。

目前我們熟悉的各個星座，是由 5000 年前的美索不達米亞牧羊人所創造並流傳下來的。追逐著牧草放羊的牧羊人們，在外面輾轉入睡的同時，自然而然就看向了那片靜謐的夜空。孤單與寂寞孕育了牧羊人的想像力，讓他們描述起一個又一個繁星的故事。於是，美麗的星座便誕生了。但事實上，構成星座的各星星相對位置並不是固定的，而是會隨著時間改變模樣，就連現在也正在變動之中。

構成星座的星星們雖然在我們眼裡看來，就好像鑲在一片名為天空的平面上，但實際上，它們之間的距離卻十分遙遠。只是

從地球上看來，感覺好像互相聚在一起而已。而且那些星星們，都正在進行著屬於自己的運動。

北斗七星最早大約在 10 萬年前，就已經被人以圖案的方式記錄下其外觀，但當時的它跟現在的樣子完全不同。我想經過很久之後，未來的人們若讀到阿爾封斯‧都德的小說，大概也會非常好奇這些星座到底長什麼樣子吧！以激起藝術家們的想像力來說，星星真的是一個很棒的題材。尹東柱在《數星星的夜晚》一詩中，寫了「恍如隱約的星星那樣遙遠❶」這段文字，不僅從抒情面來賞析可以感受到隱含的細膩感情，從科學角度去思考也是很恰當的。星星真的是模糊又隱約地，位在遙遠的彼方。

要說星星到底離我們有多遠，若以距離地球最近的恆星——太陽來計算的話，從地球用光速前進約需要 8 分鐘才會抵達太陽；想乘坐比子彈更快的阿波羅太空船上去太陽郊遊的話，來回則需要 10 年。不過既然都是以郊遊的名義了，若途中想吃飯捲當午餐的話，到底需要在地球和太陽之間蓋幾間飯捲店才行呢？

接下來若想到天狼星拜訪，用光速前往需要超過 8 年的時間。天狼星是用裸眼觀測時最亮的一顆星星，在冬天的夜空可以見到它，這顆星跟我們的距離足足有 8.7 光年❷。其他的繁星則距

---

❶ 摘自：《數星星的夜晚》，尹東柱著，金鶴哲譯，政大長廊詩社。

❷ 指光線在真空狀態下，耗時 1 年所前進的距離，是用來表現天體間距離的天文單位。

離更遠，例如組成北斗七星的 7 顆星星與我們的距離約在 60～200 光年之間。

　　動畫電影《銀河鐵道 999》中，有一段劇情是主角搭乘的列車朝著安達羅星雲奔去。安達羅星雲屬於另一個星系，距離我們太陽系所屬的銀河系很近。雖說很近，但事實上卻也是遠在 220 萬光年之外。從演化上的證據推測，人類大約在 15 萬年前才出現在非洲草原上，因此就算主角一行人是最原始的人類，並在剛演化時就搭上了列車，但在經過漫長的旅途之後，等列車到達終點時，梅德爾 ❸大概也已經演化成另外一種新的生物了。

　　因為安達羅星雲遠在 220 萬光年之外，因此就算是現在剛從該星雲所出發的光線，也要等到 220 萬年後才能到達地球。所以現在我們在地球上，以天文望遠鏡眺望夜空中的安達羅星雲，所看到的也會是它 220 萬年前的樣貌，也就是說，我們根本無從得知它現在究竟變成什麼樣子。

　　事實上，我們每天晚上都見到的星星之中，據說也有很多現在已經爆炸消失了。現在我們所注視的，都是星星們過去所發出的光芒。如果有一天發明出了某樣東西能移動得比光速更快，它就會成為能夠前往未來的時光機。真的只要比光快一點，稍微再快一點點就可以了！到時候時光機這種東西，也就不算什麼了。

---

❸《銀河鐵道 999》的女主角，給予主角車票並與他一同展開旅程。

尋找天上的樂透隕石

　　我不久之前剛從晉州回來，是搭乘要去那邊辦事的朋友的順風車一起去。晉州市是個比想像中來得更大的都市。傍晚，繞了寂靜的晉州城走了一圈之後，便為了去吃晚餐而走出城門入口，這時，對面商店街掛著寫有「隕石麵包」的橫幅映入了我的眼簾。看著這聳動的店名，我一邊想著：「是做成隕石形狀的麵包嗎？」一邊漫不經心地經過了。吃完晚餐要回旅館的時候，又再次經過了那間店前面。這時，我的好奇心被勾了起來，於是便用手機搜尋到底「隕石麵包」是怎樣的麵包。結果在網上搜到了好幾篇新聞，看來還算滿有名的。

　　原來，晉州是韓國少數幾個曾有隕石掉落過的地方。2014年3月，許多人聲稱看見天上斜斜落下了一個發光的物體，這個消息傳遍了整個韓國。當時也有行車紀錄器拍攝到了這個出現時間長達5秒的發光物體。隔天，那個物體便在晉州某個農家的溫室裡被發現了。掉在地上的它，正是一顆隕石。

　　隕石會依來源處的不同而被命名為不同的名字。掉落在地球上的隕石，有很大的機率是來自木星和火星之間運行的小行星。平常小行星是以太陽為中心，依照各自的軌道運行，但時不時就

會發生脫軌的現象。雖說這個現象應該是因為小行星之間會發生相撞的關係，但確切的原因目前仍尚不明瞭。而這些脫離原有軌道的小行星會被拉往重力較強的太陽方向，此時便會通過地球的公轉軌道。比爾·布萊森 (Bill Bryson) 在《萬物簡史》(*A Short History of Nearly Everything*) 一書中，寫了一個有趣的比喻：

> 「若把地球的公轉軌道想像成一種高速公路，那行駛在那條公路上的車就只有我們（地球）而已。但想像一下，假如行人（小行星）們都沒看路就任意穿越馬路，會發生什麼事？（中略）我們知道的只有那些行人們會在時速 10 萬公里的我們面前，以未知的頻率穿越馬路而已。（中略）這裡說的不是在遠方閃耀的數千顆星星，而是在很近的地方任意移動的小行星們，數量極多的意思。」

要是小行星不只極貼近地球，還進入了大氣層，會發生什麼事呢？因為小行星以極快的速度進入，大氣層中充滿的空氣沒有時間避開，使得小行星前方的空氣被大幅壓縮，溫度上升至太陽表面的 10 倍，而這些熱燙的空氣和劇烈的摩擦會使小行星猛烈燃燒，並發出光芒，就成為我們所說的流星。雖然大部分的流星會在空氣中瞬間汽化，但少數在燃燒後仍還有殘存的部分就會掉落到地面，成為所謂的隕石。

　　隕石大致可分為兩大類。首先，體型較大的小行星會像地球一樣受重力作用而產生自轉，使得組成物質形成分層：表面為質量輕的物質，內部則為質量重的物質。當這種小行星受到其他小行星衝撞而碎裂時，每塊碎片的成分都會不一樣，這種碎片就被稱為「分化隕石」；相對地，也有某些小行星一直維持著太陽系形成之時的最初外型與物質組成分布，這種小行星掉落到地球時就被稱為「原始隕石」。分析原始隕石，將有助於瞭解太陽系形成初期的樣貌，所以它又被稱為「太陽系的時間膠囊」。

　　2014 年掉落在晉州的正是原始隕石。該隕石碎裂後被眾人找到的隕石碎塊總共有 10 顆，重量從 29 公斤到 420 公克不等。依照規定，隕石的所有權屬於第一個撿到的人。當時學者們表示，這些隕石跟已被多次發現掉落在世界各地區的其他隕石們成分相近，因此珍稀程度不高，在國外 1 公克的售價約在 3～4 美元之間。儘管到了隔年，韓國地質資源研究院宣布願意以每公克 10000 韓幣的價格收購，但直到 2016 年為止，這些隕石都還保管在各個持有人的手上。

　　晉州隕石是自 1943 年落在全羅南道高興郡豆原面的隕石之後，相隔 71 年才掉落在韓半島上的珍貴之物。它是漂浮在宇宙空間，珍藏著太陽系形成初期模樣的物體。且當它自那片寬廣的宇宙中墜落時，又剛剛好掉落在持有人眼前，這是近乎奇蹟的一件事。這也就是為何很多人會覺得，看到流星的經驗很珍貴，因

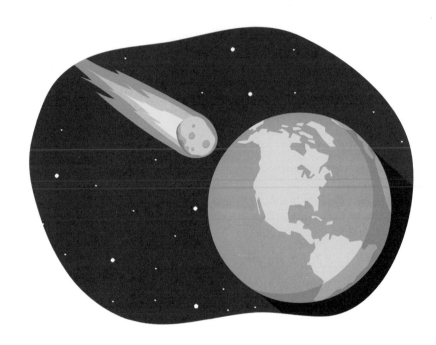

而想向流星許願，還有認為發現隕石的地方蘊含特別意義的原因。想必那家隕石麵包也是因此而命名的吧！

　　就算完全不科學，但我也覺得看著流星許願是一件很美的事。因為有著熱切願望的人應該都對於人生充滿熱情，也有強烈的渴望吧！期待我們像流星般短暫出現又消失的生命，可以充滿喜悅、希望和愛，我雙手合十誠心地盼望。

史上第一隻太空犬——萊卡

姪子去江華島的太空中心校外教學，並把那裡發的導覽手冊拿給我看。我一邊讀一邊和姪子聊天，但看到一個畫面後就突然停了下來。那是一張圖，圖中畫著一隻搭乘太空船的小狗，笑得很頑皮的樣子。那隻小狗是被稱為「第一隻太空犬」的「萊卡 (Laika)」。這時，有一股不舒服的感覺莫名湧出。我忍不住脫口告訴姪子：「雖然畫裡的狗狗在笑，但其實萊卡並沒有回到地球喔！」

姪子睜著一雙大眼，開始對我瘋狂發問：「為什麼沒有回來？萊卡現在在哪裡？」好像覺得非常混亂的樣子。我瞬間發現「啊，說錯話了」。姪子現在才六歲，應該是正值對生命充滿美好想法的年紀不是嗎？但覆水難收，我只好把實情說出來了。

從 1900 年代初開始，為了搶占宇宙的主導權，美國及蘇聯之間展開了一場爭奪航太技術翹楚的混戰。目的是尋找不知在何處的資源，以及可以讓人類生存的另一顆新行星。為此兩國互相競爭，發射了許多火箭及衛星。

「究竟人類是否可能在宇宙存活？」對於早期的宇宙開發人員而言，這是最重要的一個問題。但總不可能一開始就將人送入

太空，因此某些動物們代替人類率先成為了實驗對象。第一次在太空船內面對死亡的動物，是一隻叫做「阿爾伯特」(Albert) 的獼猴。1948 年，美國發射了阿爾伯特乘坐的火箭，但牠最終因為太空船內氧氣不足而死。之後，美國在 10 年之間發射了 7 次載有動物的載具至太空，但沒有任何一隻動物活著回來。

1957 年，蘇聯成功發射了人類第一顆進入行星軌道運行的人工衛星——史普尼克 (Sputnik) 1 號。在成功發射的一個月後，蘇聯當局又下令發射史普尼克 2 號。有了先前的成功經驗，研究人員們便順勢提出了載狗上太空的計畫。當時莫斯科航空醫學研究所有一隻已經受訓了 3 年的狗，牠是一隻叫做 "Kudryavka"（小捲毛）的流浪狗。Kudryavka 是同期受訓的幾隻狗當中最聰明、最愛跟著人的狗，於是被選為搭乘史普尼克 2 號的實驗狗。從這時開始，Kudryavka 就被改名為「萊卡」。

史普尼克 2 號的船艙相當窄小，勉強只能讓萊卡坐下和起立而已。但船艙內仍然裝有能讓萊卡在宇宙中存活的供氧器及去除二氧化碳的裝置，也有供給飲水和食物的設計。此外，還裝設了感應萊卡脈搏、呼吸、體溫等的終端機，以將萊卡的生命資訊傳回地球。

1957 年 11 月 7 日，這天是蘇聯的十月革命紀念日。萊卡和跟牠感情深厚的研究員們做完最後的告別之後，就進入了船艙。

經過緊張的等待，史普尼克 2 號的發射成功了！間隔一個月的時間內就成功發射了兩個人工衛星，而且其中一個還是首度載有活體生物的人工衛星，這讓所有人都陷入瘋狂的興奮和感動之中。但在不久之後，當興奮之情逐漸冷卻下來，人們開始好奇了，曾從收音機裡聽到牠汪汪叫聲的聰慧萊卡，究竟怎麼樣了呢？

事實上，史普尼克 2 號從一開始就沒有設計返回的裝置。最初蘇聯對外宣布的說法是，萊卡在太空艙中存活了約一星期的時間，之後因為載具中的氧氣即將耗盡，於是便餵了牠摻有劇毒的飼料，萊卡就此安詳地離世了。也就是說，萊卡在幫我們確認了生物在無重力狀態的宇宙也能生存的可能性後，便嚥下最後一口氣。無數的人們為萊卡的死感到悲傷，並緬懷牠為「第一隻太空犬」。

但在 2002 年，一份意外的資料被公開了。俄羅斯生物學研究所的一位博士發表了當時萊卡的相關數據。資料顯示，在史普尼克 2 號升空後，萊卡的心肺指數立刻提高為平常的 3 倍以上。這也表示，萊卡其實無法忍受加速度及高溫，並在痛苦與恐懼下掙扎不已，最後在發射 5 個小時內便死去了。

雖然沒辦法把這一切都告訴姪子，但我盡可能好好說明了。不過姪子好像還是無法理解，為何萊卡會被送上一開始就沒有回頭路的旅程。才六歲的他，要怎樣去理解這冷酷的權力世界呢？

　　為了給姪子一點時間整理他悲傷的心情，還有撫平他心中的傷痕，我們在紙上畫了萊卡的畫之後，就將那幅畫埋在花盆裡，並辦了一場葬禮。告訴姪子這個故事到底是不是對的，至今我仍然存在著疑問。

為什麼晴空看起來藍藍的，晚霞是紅色的？

「季節交替的天空盈滿了秋意。●」這是尹東柱《數星星的夜晚》詩中的第一句。在充滿感性的高中時，雖然沒有人叫我這樣做，但我背了這首詩一次又一次，因為覺得起頭這一句實在寫得太好了。從這句詩中，我好像知道了詩人眼中的天空究竟是什麼樣子，想必是滿滿掛著飛馬座或雙魚座等秋季星座的夜空吧？

「天高馬肥」也是詩人在描寫那個季節的生活時常用的一句話。據說這個詞是出自中國唐朝詩人杜甫的祖父寫給前往北方鎮守邊疆的友人信中，由來已久。在大部分的人用天高和蔚藍晴空來形容秋天時，尹東柱卻在夜空中發現了秋意，這讓我不禁感嘆，詩人的感性果然與眾不同。不管是白天或晚上，在秋意悄悄來臨的路口，最先張開雙臂歡迎我們的，的確就是天空沒錯。天空究竟是什麼，怎麼會讓人看著看著就勾起了特別的情緒呢？

天空指的是包圍住地表的空間之中，我們眼睛可見的範圍。雖然滿布空中的空氣本來就沒有任何顏色，但天空看起來卻是那

● 摘自：《數星星的夜晚》，尹東柱著，金鶴哲譯，政大長廊詩社。

麼的藍。箇中原理是光線的特性之一——「散射」。光線有直射、反射、折射、散射、繞射、色散等多種特性。散射指的是光線與灰塵或空氣等小型粒子碰撞後，向四周分散的特性。在陽光具有的所有彩虹色光中，最容易散射的正是波長較短的藍色和紫色光。

　　天空之所以看起來很藍，是因為太陽光在遇到空氣之後，散射出的藍色光進入我們眼中的緣故。若大氣中的水分含量較高，則在我們眼中看來就會像雲或霧般白白的。而秋天時由於氣候變得乾燥，空氣中的水分含量相對較少，所以天空看起來就會比其他季節來得更藍。

　　另一方面，太陽下山時和在頭頂上時不同，陽光必須通過地球表面附近更厚且密度更高的大氣層。這時比起波長較短的藍色光，波長較長的紅色光由於直射性較強，因此能夠穿過厚厚的大氣，更加容易投射進入我們的眼中，這就是為什麼晚霞看起來是紅色的。

　　就算太陽消失在地平線下時，都市的天空仍然無法入睡。午夜時分，天際仍舊會朦朧地帶點微紅，這便是只有都市才能見到的「光害」。這個現象是由於廣告照明、路燈、汽車頭燈等光線和空氣中的塵埃粒子碰撞後散射所造成的結果。而這些光線同時也會阻擋天上的星光，所以在都市中不容易看到星星。

　　我們之所以會看著藍天和紅色的晚霞，沉浸於感傷之中，這和人類長久以來與自然共處所形成的潛意識有很深的關聯。在古時候，下著雨、雷聲大作的日子，人們便很難出門打獵或採集；且河水因為暴漲，水勢變得湍急，有時候還會引發洪水席捲各處。對於那時的人來說，這場雨會下到什麼時候，就代表著什麼時候才可以再次出門尋找食物，完全沒有人可以預測。

　　所以對當時的人們而言，最好的日子就是烏雲消失得一乾二淨，天空蔚藍的晴空萬里無雲之日。當西邊天空出現火紅的晚霞時，就預告著明天也會是晴朗的好天氣。在認真生活一天之後，於日落時分眺望紅紅的晚霞，就算今天不夠滿足，也能抱有不一樣的希望和期待向明天邁進。

　　而在那樣晴朗的日子裡，夜晚的天空中也會有很多星星。但就算暴雨和閃電在天上弄出一場騷動，繁星們依舊會在同個地方升起、落下。不論這一天過得是喜是悲，星星們還是會依循著自己的軌跡不停運行。在有限而不安的人生中遙望著繁星的人們，或許也曾希望自己就像繁星般，成為永遠不會消失的存在吧！

　　就如同天空中的太陽、月亮、繁星，每天東升西落、周而復始，我們所有人最終要回去的地方，就是我們出生的那顆星星。

可以摸到雲的地方

2012 年 10 月 14 日，出身奧地利的運動員菲利克斯‧保加拿 (Felix Baumgartner) 在美國新墨西哥州進行了一項驚險挑戰。他決定在衝破天際的高度，只靠一個降落傘，不帶多餘裝備進行高空跳傘。雖然高空跳傘是一項只要下定決心，任何人都能完成的運動，但這個挑戰卻很不一樣。

一般的高空跳傘是搭乘輕型飛機飛上天空後，從距離地表約 2～4 公里的高度跳下來。但保加拿所選擇的方式是花費 2 小時 30 分鐘搭乘氦氣球，升到了距地表足足有 39 公里的高空。在那種高度簡直就像身處宇宙中央一般，四周昏黑無比，而地球看起來就像一個在虛無飄渺的遠處閃閃發光的巨大銀盤。

離地表 39 公里處是個怎樣的地方呢？那裡不僅沒有氧氣，氣溫及氣壓也都很低，光是在那裡待上一會兒就可能失去性命。

包圍地球的空氣層叫做大氣層，雖然大氣層的範圍一直涵蓋到離地表 1000 公里處，但因為重力的關係，99% 的空氣都是聚集在 32 公里以內。從距離地表最近的位置開始算起，大氣層依序被分為對流層、平流層（同溫層）、中氣層和增溫層（熱氣層），每層之間以溫度隨著高度升高而改變的趨勢作為區分。

　　能供我們呼吸與生活的對流層最高大約到 11 公里處，愈往高處溫度就愈低。所以地球上最高的山——聖母峰，由於海拔高達 8.9 公里，因此就算到了夏天，峰頂的萬年冰雪仍然不會融化。

　　「對流」指的是熱會向上升，而冷會向下沉降的熱能傳導現象。在大氣層中，於地表處被陽光照射而加熱的空氣會不斷往上升，而上層的冷空氣則向下沉降，使對流現象持續發生。在對流層中，當大氣處於相當不安定的狀態時，便會發生各種天氣現象，像是打雷閃電、狂風大作等，使得鳥群狂亂飛舞。要是飛機得在這層不安定的大氣中飛行超過 10 小時的話，說不定所有保險公司都會馬上倒閉。

　　大部分飛機在飛行時，都會穿過雲層，保持在對流層頂部飛行，而只有部分長途航程的飛機，會飛行到平流層的高度。平流層的高度從對流層頂部一直延伸到離地表約 50 公里處。若是在下雨的時候搭飛機，在通過雲層的瞬間，都會不禁驚豔於眼前的風景，忍不住想著「這裡是天堂嗎」？因為此時窗外的景色與在地面上灰暗陰沉的天氣截然不同，潔白的雲田在湛藍的天空和耀眼的陽光下無限延伸，這可是飛機保持在對流層頂部或平流層航行才能看見的壯觀景象。

　　保加拿所跳下來的位置正是在平流層內。一般飛機航線其實並不會爬升到離對流層那麼遠的高度，就算再怎麼高，最多也不會超過地表上空 20 公里。但保加拿所跳下來的位置足足高達

39 公里，連要測定高度都不容易，再加上他並非搭乘像飛機或太空船那樣可以保護自己、值得信賴的交通工具，只憑著一個灌滿氦氣的氣球，再掛上一顆膠囊氣艙，就飛行到了那麼高的地方。

　　他的挑戰其實並不是為了創造個人紀錄，而是為了檢驗在極限環境下，能保護生命安全的太空裝等各種裝置的性能。光是這個挑戰，就有七十幾位科學家、三百多位工作人員參與，而某能量飲料公司更是從 2007 年起便持續提供資金。當時四十三歲的保加拿雖然是個在二十五年內進行高空跳傘次數超過 2500 次的老手，但為了這次挑戰，還是接受了長達五年的訓練。

　　平流層的大氣較少，在下墜時幾乎不會和空氣產生摩擦，因此墜落的速度比音速還要快。這時，身體在 1 秒內約會迴轉 120 次，假如無法撐過這個速度和迴轉而失去意識的話，不只會挑戰失敗，甚至還可能失去性命。這 4 分 20 秒的時間對他而言，就如同永遠一般，但他還是用自由落體的方式撐了下去，然後在離地 1.5 公里處的高空打開了降落傘，平安降落在新墨西哥州的沙漠地帶。這個挑戰讓他成為從最高處最快降落的紀錄保持人；同時他乘坐的氦氣球，也留下了「最高探空氣球」的紀錄；而他打開降落傘的高度則立下「最高高空跳傘」的紀錄。

　　「請問您打開膠囊門準備跳出去的那一刻，心裡在想什麼呢？」在他平安降落後，一位記者送上了祝賀，並如此問道。而

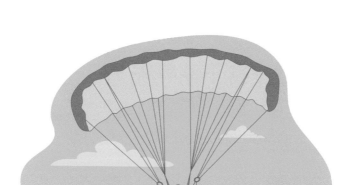

保加拿如此回答：「站在世界頂端的時候，會變得非常謙虛。當時完全沒有想要去打破紀錄，只希望活著回來而已。」

雖然做出了如此帥氣的回應，但他實際在地面的人生，好像就沒有像說的一樣這麼謙虛了。創下如此偉大的紀錄不過 3 星期之後，他就因為對某位卡車司機的臉部施暴，被罰了 1500 歐元的罰款。而且他所締造的紀錄在 2014 年 10 月，就被前 Google 副總裁艾倫‧尤斯塔斯 (Alan Eustace) 打破了。尤斯塔斯當時穿著特殊設計的太空裝，乘坐氦氣球一直升到 41 公里的高度。這項挑戰是由為人類平流層之旅開發常用太空裝的某個企業，規劃長達三年的計畫項目。但不同於向媒體大肆宣傳、聲勢浩大跳下來的保加拿，尤斯塔斯的跳傘計畫非常低調，而且他的紀錄至今仍未被打破。

為什麼盛夏會下冰雹呢？

「咚咚咚咚，稀哩嘩啦——」天空中傳來一陣騷動，好像是什麼掉下來的聲音。我馬上探頭到窗外，便看見柏油路上有好幾塊白白的東西，是冰雹。現在是夏季，在這個大白天隨便就超過 30 ℃ 的高溫時節，天上居然掉了冰塊下來，真是件神奇的事。為什麼冰雹偏偏常在炎熱的盛夏中掉落呢？

想瞭解冰雹，首先得知道雲是如何形成的。要形成雲，有個必備的條件，就是上升氣流。上升氣流是指熱空氣往空中升起的現象，在陽光愈強時，上升的氣流也會愈強。此時，沒有腳、也沒有翅膀的水蒸氣就會像乘坐著飛天魔毯一樣，搭著上升氣流，抵抗重力直往天際衝去。

雲朵誕生的高聳之處，究竟是個什麼樣的地方呢？這和我們就算是在夏天，若想於高山裡度過一晚，還是需要厚重睡袋和外衣的道理一樣，爬升到海拔愈高，氣溫就愈低。這是因為在高處，可以把接收到的太陽輻射能量送回宇宙的「地表輻射能量」變少的關係。而且高處的空氣稀薄，單位體積內的氣體粒子數較少，氣壓低，所蘊含的熱能也較少，因此溫度就會下降。這也就是為何雲生成的地方氣溫很低，比想像中來得冷上許多。

　　搭著上升氣流往上升的水蒸氣，在氣溫低的地方便會結成雪或冰晶。而其他水分也會逐漸附著在這些冰晶上，使得冰晶愈來愈大、愈來愈重，並開始向下掉。若這些大冰晶直接落到地表的話就是雪；若在往下掉的過程中融化為水滴者則是雨。所以除了赤道地區的雨是由水滴聚在一起，變重之後掉落下來所形成之外，其他地區的雨大部分都是由冰晶在落下過程中融化而形成的。

　　天氣變熱時，由於地表附近的空氣升溫，使得上升氣流變強，此時從海洋蒸發出的大量水蒸氣會被帶向高空。突然變多的水蒸氣在上升過程中，便會快速附著在冰晶之上，瞬間形成大顆的冰塊，而變重的冰塊自然只能往下掉了。這時若它們依照上述的過程直接往地表落下，冰塊便會被溫暖的空氣融化，形成猛烈的陣雨。

　　但若在此時，向下掉的冰塊遇到強烈的上升氣流，因而再次升到高空的話，高空中的水蒸氣便又會再度附著在冰塊上，讓它的尺寸愈變愈大。在這樣下墜又抬升的反覆過程中，吸附冰塊的水蒸氣愈變愈多，冰塊的尺寸也就愈來愈大了。當冰塊尺寸大到一定程度而無法受到上升氣流的抬升，便會落到地表上。也因為冰塊巨大的尺寸，使得在墜落的過程中，氣溫無法將其完全融化，便會形成天降冰塊的「冰雹」奇觀。

　　這個現象尤其好發於高高掛在空中的潔白積雨雲中。這些降落下來的冰塊還可以依照掉落地表的尺寸分為兩類：直徑超過 5

毫米的稱為冰雹；未滿的則稱為霰（軟雹）。但就算冰雹尺寸再怎麼大，直徑也很難超過 10 公分，這是因為上升氣流要把沉重的冰塊往上抬升也是有重量極限的。

在天氣熱的日子，由於空氣的對流作用旺盛，使得高空中的冰晶更容易反覆受到抬升而形成巨大的冰塊，而當這些冰塊掉到地上的速度比融化速度還快的時候，便可能下起冰雹。根據統計，7～8 月比起 6 月和 9 月更容易下冰雹。這是因為 7、8 月的氣溫本來就高，造成的上升氣流十分旺盛，再加上暖溼水氣的補充，冰晶就可以在不斷重複抬升又下墜的過程中變得更大顆。冬天則因為陽光不夠強，使得地表空氣無法產生上升氣流，所以也不會下冰雹。

其實還有幾個地方會下一種極其夢幻的冰雹。根據美國天文學會在 2013 年例會上發表的研究預測，木星和土星上的閃電會使大氣中的甲烷轉換為碳，而這些碳會再聚合為石墨、鑽石結晶，並像冰雹般降下。

據說跟隨鑽石雨降落的鑽石最大直徑可超過 1 公分，而且光是經由這個現象，一年就可以製造出一千噸以上的鑽石。但可惜的是，像這樣被製造出來的鑽石，只會再次進入由滾燙液體組成的行星核心中，再度被融化。

　　這樣看來，在鑽石也會化為滾燙液體的木星和土星上，或許冰晶和冰雹才是比鑽石更珍貴的東西也說不定。會用金錢衡量物品價值，並拿來炫耀的只有人類而已。事實上不管是冰塊還是鑽石，都只是存在於自己該存在的地方罷了。

太陽跟月球的魔法

傳說在某個島嶼上有著很多的老虎。有一天，一隻兇惡的老虎突然闖入了村落中，害怕的村民們急忙搭船逃往附近的其他小島躲避。但有一位桑婆婆由於來不及搭上船，被獨自留在了島上。孤獨的桑婆婆非常想念失散的家人，因此每天都向龍王祈禱，祈求能夠再見到她的家人們。在那之後的某日，龍王出現在了她的夢裡，並且告訴她：「明天會有彩虹落在海上，妳就踏著彩虹走過去吧！」

到了隔天，大海果然分成了兩半，並從中間出現了一條彩虹模樣的路。於是桑婆婆穿過了彩虹路，來到了村民逃難抵達的島嶼，終於見到了思念已久的家人們。「我的祈禱分開了大海，才終於再見到你們。現在我已經死而無憾了。」見到家人們的桑婆婆留下這句話，便嚥下了最後一口氣。

這是在全羅南道珍島郡回洞村流傳的一個故事。這個村子在每年農曆的 2 月和 6 月，都會出現大海分開的絕景。這個時候，珍島郡便會舉辦「神祕海路慶典」。而每年這段能夠親眼看見《聖經》中「摩西分海奇蹟」的時節，也都吸引了海內外許多人

爭相前來一探究竟。對於有宗教信仰的人們而言,這可能是一個神聖的體驗,但對我來說,大海分開的原因更讓我覺得神祕。

事實上,大海分開的原因並不是神的啟示,也不是桑婆婆的祈禱所致,而是和太陽和月球有關。究竟那麼遙遠的太陽和月球,是如何移動質量如此巨大的海水呢?

我們眼睛見到的所有物質間,都存在著互相吸引的力量,也就是引力。互相吸引的兩個物體質量愈大、距離愈近,引力就會愈大。引力同樣也作用於太陽與行星、行星與衛星之間。我們所謂的太陽系,其實真正的意義為「被太陽引力影響到的範圍」。所以屬於太陽系的地球,理所當然會受到太陽的引力影響。

另一方面,月球的質量雖然只有地球的 $\frac{1}{81}$,但由於月球與地球的距離近在太空船飛行可以抵達的範圍,因此地球也會受到月球引力的影響。至於其他的行星們,不是質量較小,就是距離地球太遠,所以對地球的引力影響幾乎微不足道。

跟固體比起來,液態由於流動更為自由,因此更容易受到引力的牽引。而地球的地表 70% 都是由水組成,這些海水就像是鐵粉一樣,會受到太陽和月球這兩個磁鐵的引力所吸引,而發生移動的現象。在這兩個天體之中,對地球影響較大的是月球。經測量分析後推估,月球對地球的引力約是太陽引力的 2 倍,這也表示著,會有較多的海水朝月球的方向傾注,因此月球經過的地

區就會發生漲潮。而相對地，以地球中心為基準，和月球呈 90 度角的兩側位置則會發生退潮。

而跟月球所在之處相對的地球另一面，也會因為月球那一側的引力拉扯而發生漲潮。這就好比一條橡皮圈，雖然你僅往一個方向拉扯，但橡皮圈卻會形成向施力方向兩側壓扁的橢圓形一樣。也就是說，每一個時間點，地球都會有兩個地點因漲潮達到滿潮 ❶，而另外的兩個地點則會因退潮發生乾潮 ❷。

不過月球就跟太陽一樣，受到地球自轉週期的影響，一天會升落一次，使得一個地區會在與月球最接近與最遠離時形成 2 次滿潮，並在與月球呈 90 度角的兩側位置時形成 2 次乾潮。

在月球任意牽引海水的時候，太陽也在一旁齊心協力。當月球運行到公轉軌道上位於地球和太陽之間的位置時（地球—月球—太陽），因為月球和太陽一起升落，晚上就看不見月球的蹤影了，那天就被稱為朔月，此時，由於太陽和月球位在同側，使得兩者的引力朝同方向加成，會更強烈地牽引海水；而當月球運行到地球的另一邊、太陽的反方向時（月球—地球—太陽），月相為滿月，兩者的引力會分別將海水往兩側牽引，也會使得兩側湧

---

❶ 受地球與月球、地球與太陽之間的引力影響，一天之內海平面最高的時候。
❷ 受地球與月球、地球與太陽之間的引力影響，一天之內海平面最低的時候。

入更多的水❸。這兩個時期正是滿潮和乾潮差異最大的「大潮」期間，此時，水的流動也會連帶地增強。

另一方面，當月球運行到和太陽以地球為中心呈現 90 度，也就是月相為半月（上弦月與下弦月）時，月球和太陽的引力會相互抵消，使得牽引海水的力量減弱，這時便稱為「小潮」。這時滿潮和乾潮間差異最小，水的流動也會變得溫和。綜上所述，隨著月球運行到公轉軌道的位置不同，大潮和小潮在一個月 ❹中各會發生 2 次。

桑婆婆在夢裡見到龍王的那個晚上，天上若不是掛著滿月，就是根本沒有月亮的日子。因為這就表示，隔天會是大量的海水受到太陽與月球的引力牽引而去，也就是滿、乾潮差最明顯的大潮日子，此時才會出現海水分開的現象。要是桑婆婆發現海水分開的原因並不是因為自己的祈禱，會不會感到傷心呢？我想這件事還是你知我知就好，就替桑婆婆守住這個永遠的祕密吧！

---

❸ 對於此段落有疑問者，不妨可以拿出一條橡皮圈進行簡單的實驗。當你將橡皮圈固定在桌面以後，不論你往橡皮圈同一側施加 2 倍的拉力，或者是分別向位於對面的橡皮圈兩側拉扯，結果均會使得橡皮圈更朝拉扯方向的兩側壓扁。

❹ 也就是月球運行公轉軌道一周的時間，約為 28 天左右。

地球的一天從什麼時候
開始是 24 小時的？

有一種棲息在韓國沿岸海域的魚，叫做「鱙仔魚（凡氏下銀漢魚）」。在滿月或者朔月的時候，鱙仔魚們會乘著潮水成群結隊地湧入沿岸，而後每一隻都會找好一個底部凹陷的位置，準備產卵及受精。待牠們做好該做的事之後，就會立刻循著退潮回到海中。牠們之所以要特地到沿岸產卵，是有原因的。

滿月或朔月的時候，受到太陽和月亮引力的影響，會使得滿潮和乾潮間的潮差達到最大，被稱為「大潮」。在大潮期間的滿潮時，某些平常乾燥的地方也會湧入海水；而乾潮時，一般總是被海水淹沒的地方，也可能退出一塊地。於是，在某些低窪地區漲潮時會湧入海水，而退潮後就成了一塘小水窪，且在下一次大潮來臨之前，都只能原封不動地和大海分隔兩地。而鱙仔魚們會尋找這種小水窪作為產卵地點，如此一來，這些卵在孵化之前，就會在這些獨立的小水窪中平安地度過九天，避免成為海底魚兒們的獵物。而孵化後的魚苗在下一次大潮來臨時，就能順著漲起的潮水游進遼闊的大海中。

這種一天二次，依漲、退潮情況出現的海水水窪，被稱為「潮池」。潮池雖然只是小小的空間，但也無庸置疑地存在著完

整的生態系。海草、小螃蟹、螺類、海葵、小魚等在我們眼中十分弱小的生物們，正各自開展著自己的生命。

在滿潮時最高水位和乾潮時最低水位之間的區域稱為「潮間帶」，這個地帶有時是海，有時又是陸地，環境變化非常劇烈。而這些環境的變化便會日復一日地在生活於潮間帶的貝類外殼上留下痕跡。貝類沉在水中時會持續生長，但只要離開水，就會緊閉外殼停止生長。而這個反覆生長與停止的週期就會由外殼的花紋記錄下來，原理就像是樹木的年輪一樣。所以只要仔細調查貝殼上的花紋，就能知道一顆貝類的年齡。

2006 年，在冰島海岸發現了一顆貝類，透過外殼紋路分析，推測其約有四百歲的高齡。之後這顆貝類便被一直保存在冷藏設施中。但在 2013 年時，人類為了研究而暫時打開了牠的外殼，結果卻害牠因此失去了性命。經過殼內各項數據的分析後得知，這顆貝類的確切年齡竟然高達五百零七歲。

滿潮和乾潮不只會影響海洋生物，其實也會干涉地球的運動。試想一下，要不停運作如此浩瀚的海洋，是需要多麼龐大的能量？而這些能量就來自地球自轉的動能。我們知道，能量能在物質之間以各種形式互相轉換，在這個例子中，就是將地球自轉的動能轉換為海水移動的動能，這股強大的動能甚至可以破壞海岸的防波堤，這也就是必須定時增補防波堤的原因。

但事實上，地球自轉的動能最大部分是轉化為海水與地球表面之間的摩擦熱，這種持續轉化為摩擦熱的耗能會使地球的自轉速度逐漸減緩，改變速度大約是每 100 年變慢 1.6 毫秒。大家可能會覺得這幾毫秒根本不算什麼，然而地球年齡已經 45 億歲了，這週期為 100 年的小小改變積沙成塔，變慢的時間就會累積成可觀的數值。在地球開始出現菊石、三葉蟲滅絕的 3 億 5000 萬年前，也就是古生代後期到中生代初期左右，當時地球的一天為 22 小時，但一年卻有 400 天。不過再經過幾億年之後，一天就變成了 24 小時，一年則是 365 天。

事實上天體之間的改變，還不只這樣喔！像我們每天都會看見的月亮，除了月相的變化外，大小❶似乎並不會有太大的變化，但其實月亮並不是一直都待在原地不動，它每年都會逐漸遠離地球約 3.8 公分，這也代表著，總有一天月亮會完全脫離地球，到那個時候漲、退潮也不會跟現在一樣了。

在那遙遠的未來，我們人類會是什麼樣子呢？還會有人類嗎？人類雖然自詡為地球上最頂尖的生物，但最終還是會全都消失不是嗎？到那時，這種文章又有什麼意義呢？哎呀，這樣可不行，科學一旦陷入虛無主義就危險了。我們還是要在現實腳踏實地，把科學一路走來的過去當成墊腳石，認真度過今天才行！

---

❶ 月亮的大小與和地球之間的距離有關。

不完美才更美的雪結晶

　　小時候，我住在幾乎不會下雪的韓國南部。大多數時候，都僅是飄下幾片雪花，就馬上轉變為雨。就算是少數的幾場零星小雪，也會立刻融化，幾乎不會在地上留下積雪。當時的我還想，要是能堆一次雪人，此生就無憾了。

　　所以當真正下起珍貴的大雪時，我就會歡呼著跑到外面去，而我發現雪精靈隱藏藝術品的那天也是這樣。那時，我興奮地四處跑來跑去，還張口吞下或用手接捧雪花，大肆玩樂了一番。我還深深記得那一幕：一片雪花落在戴著手套的手上，發出了閃亮亮的光芒，卻又旋即化成小小的水珠。然而就在那一瞬間，我看到了讓我無比驚嘆的藝術品。我站在原地，忍不住想：「剛剛看到的東西，是我所想的那個沒錯嗎？」

　　我看見的是個六角形，而且輕薄小巧、類似玻璃片的東西。雖然有在電視或書裡看過那種形狀的雪花，但如今居然不是透過顯微鏡，而是僅用肉眼就直接看到了。然而雪花那轉瞬即逝的生命，讓我連炫耀給別人看的時間都沒有便融化了，只留下了滿滿的惋惜而已。在看見雪花結晶的當下，真的讓我感到全身被無比的驚訝和神祕感貫穿，是很特別的一刻。

　　雪花結晶的形成原因是，當組成物質的分子相聚時，會出現固定且獨特的排列方式。這是因為原子之間具有相互牽引的力量，當分子或原子們聚在一起，形成固定空間上的排列時，該結構就被稱為結晶。雪花是由水分子組成，因為水分子的結晶是六角形，所以我們看見的雪花結晶也就是這個形狀。

　　升上國中，開始對分子和結晶的構造有更多的瞭解後，看著飄落的雪，我不禁起了好奇心。雪和冰塊都是由水組成，也就是說原料都是一樣的，那為什麼冰塊沒能凝結成六角形呢？這是因為兩者的生成過程不一樣。在溫度低、溼度高的雲裡，水蒸氣可以慢慢地互相凝聚，使結晶構造愈來愈大。以細小的結晶核為中心，水蒸氣互相結合後，就能長成肉眼可見的大結晶體，也就是雪花。而冰塊則是在形成結晶構造前，水就已經由液體急速轉為固體的狀態，並非經由一個個水蒸氣慢慢凝聚而成。

　　其實就算是雪，也並非全都是六角形的樹枝狀構造。雪的結晶正可謂千變萬化，有的為粗獷六角柱、有的為針狀，甚至還有些會形成沙漏狀。在雲裡產生的結晶核掉落到地面的過程中，會經歷溫度、壓力、溼度的變化，還會與灰塵或汙染物等水以外的其他物質混合，使結晶形狀發生改變，也就創造出了如此多變的雪花。

　　根據美國猶他大學的研究，那種只要提到雪花，一般人便會直覺想起的完美對稱六角形雪花結晶，其實一千次裡面最多只會

出現一次。雪花結晶就跟人一樣，在世界上絕對不會有完全一模一樣的，還真是個非常挑剔的傢伙哪！

在好幾年前的一個冬日白天，天空中飄起難得一見的雪花時，我很幸運地正好走在路上，而且又剛好穿著暗色的外衣。就在我拿出了手機想要拍照時，剛好有片形狀清晰的雪花落在了我的袖子上。雖然雪花很快就會融化為小小的水珠，但我還是很幸運地能來得及在融化之前拍照。這種好機會實在是難得一遇，因此雖然手指都凍僵、衣服也溼了，但那些都已經不重要了。

我總共拍了數十張照片，在經過精挑細選以後，最終只留下了幾張滿意的。照片中的雪花結晶模樣果然不是想像中那種「完美對稱」的六角形，但那纖細精美、如同玻璃藝術品般的晶體構形還是令人屏息，不禁讓我想起了前面段落所敘述，那個第一次看見雪花的瞬間。或許以後的我，都不可能看見具有完美外型的雪花也說不定。但不管外型是怎樣的雪花，都是這個世上獨一無二、唯一一片的雪花，這點是無庸置疑的。每一片雪花都是經過「應該被生成那個樣子」的原因與條件，才會誕生在我們面前。我只想繼續注視著雪花，感受每一個驚喜與讚嘆的瞬間。

在未來每個冬天來臨時，我都會繼續等待著那個瞬間的到來。

陽光和水滴相遇時
會產生什麼？

　　事情發生在正好十年前的盛夏，那是一個非常炎熱的日子。那天的中午過後，便開始下起滂沱大雨，但那不過是場午後陣雨，很快就停了，強烈的午後陽光又再次照耀著整個城市。當時的我在補習班教國中生自然，那天每個從外頭走進教室的孩子們都是滿頭大汗。

　　現在明明是這些孩子們可以休息的炎熱暑假，卻還得來補習班讀書，想想實在令人心疼。雖然在心裡很想跟他們說：「像今天這種日子就該好好休息，不然就玩得開心一點吧！」但我為了生計，只好為五斗米折腰，摸摸鼻子默默翻開題庫。

　　不知道他們是否剛好讀懂了我這樣的心情，孩子們那天上課顯得格外無法專注，一直在分心。於是我嚴詞警告了一番，然後叫他們開始解題。幸好孩子們很聽話，每個人都把頭垂得低低的，乖乖埋首於答題中。但卻有一個坐在窗邊的孩子除外，那個孩子遲遲無法把視線從窗外移開。那邊到底有什麼？我好奇地走到窗邊。原來，讓那孩子看得失神的東西，是一道彩虹，一道清晰奪目的巨大彩虹！

除了大自然以外，世上還有誰只需要陽光和水這兩種材料，就能創造出如此美麗的作品呢？但其實這個美麗作品的生成過程相當簡單，陽光和水這兩種材料可說是唾手可得，而兩種材料相遇之後，形成彩虹的原理也相當簡單，只要經過「折射—反射—折射」這三道程序就可以了。

陽光在空中遇見水滴時，一部分的陽光會被水滴表面馬上反射，分散到空中；另外一部分則會進入水滴之中。在光線進入水滴時會稍微被彎折，這個現象稱為折射。折射的光線會在水滴中經歷 1～4 次左右的反射，然後才離開水滴，此時又會再發生一次折射。

太陽光是由多種波長的光線混合而成。簡單來說，我們常聽到的紫外線、可見光、紅外線、X 光等，全都是陽光的一部分。其中，可見光又是由所有我們眼睛可見的各種色光集合而成。由於每種色光通過介質的速度並不相同，因此在可見光進入水滴時，各種色光受彎曲的程度也會不一樣，例如與紅光相比，藍光的折射角度就會較大。如此一來，原本聚在一起的可見光在經過水滴的折射—反射—折射之後，就會四散成各種不同顏色的光線，也就形成了我們在天空中看到的彩虹。

「彩虹具有幾種顏色呢？」這個問題經常在自然考題中出現。西方在牛頓發明三稜鏡，並觀察到光線的色散現象後，就接受了彩虹具有七種顏色的概念；另一方面，東方則因為女媧以五

色石補天的神話，而一直認為彩虹是五色的。那究竟哪個才對呢？其實兩個都不對。事實上彩虹顏色數量的正確答案應該是「多到數不清」，因為彩虹的每一個部分都是由一種顏色光所組成。

　　我想，我實在沒有必要責罵那個因望著彩虹出神，而沒有好好解題的孩子。因為他為我找到了能夠與孩子們講解彩虹原理、光線反射和折射的最好機會。可惜的是，我並沒有做到，因為我也被那道彩虹的美麗給震懾了。那時的我並沒有與孩子們講解彩虹的原理，而是在黑板上寫了一首平常背下來的詩，並跟他們一起朗誦。然後告訴他們，彩虹只有在像現在這樣下過雨之後，位於太陽反方向的地方才看得見。如果我們只往有太陽的地方看，就沒有辦法觀賞到這麼美麗的彩虹了。

> 「當望見天際有一道彩虹，我心雀躍：
>
> 我初生之時如此，成人之時如此；
>
> 若垂老之時不然，我之將死！
>
> 稚子乃成人之父；
>
> 我願生涯日日，崇敬自然。」
>
> ——《我心雀躍》(*My heart leaps up*)
>
> 威廉・華滋渥斯 (William Wordsworth)

颱風來或不來，都是個問題

　　那是幾年前的事了。我趁著中秋連假去濟州島旅行，一抵達濟州機場，就看見那裡設有偶來小路的旅遊資訊站。我進入旅遊資訊站拿了一張偶來小路的地圖，順便打聽各種行程介紹，這時才得知一個令人震驚的消息，就是我決定要當作旅途首站的 7 號路線，居然被封閉了。難道我的行程從第一天開始就要出錯了嗎？雖然得知了封閉的消息，但我還是想去偶來小路的入口看看，所以依舊先搭上了開往 7 號路線的公車。

　　果不其然，那裡從入口處就被封閉了。聽說不久前的颱風重創了濟州島，把道路搞得一片狼藉。但是不信邪的我還是想要直接靠眼睛確認，因此就從禁止進入的布條底下鑽了進去，心裡想著萬一不好走的話，再原路折返就好。

　　順著道路走了一會兒，前方出現了一片靜謐而和平的廣闊大海，看到如此美麗的景色，我的心情也變好了。怎麼會把這麼美麗的海岸封閉，不讓人進來呢？我一邊稱讚著自己硬闖進來的有勇無謀，一邊走了好一陣子。

　　一開始我走在海邊的卵石灘上，過程都還算愜意，但隨著愈走愈深入，腳下的石頭也愈變愈大，最後在不知不覺間，四周已

經開始散布著一堆比我身體還大上許多的石塊。我這時才感到了深深的後悔，果然人家說不要做的事，一開始就不應該做。但想要原路折返已經來不及了。從那時開始，我總共花了三、四小時，像在攀岩般運用全身力量在石塊群中爬上爬下，才走出來。這就是不聽勸阻、小看颱風威力所付出的慘痛代價。

　　颱風是對生成於太平洋，且風速達到 17.2 公尺／秒以上的熱帶性低氣壓的稱呼。雖然占地球表面 $\frac{2}{3}$ 面積的五個大洋都會生成熱帶性低氣壓，但它們的名稱會依據生成的地方不同而有所改變。除了上述的颱風之外，在北太平洋的中部、東部，以及北大西洋西部生成，且最大風速達到 32.7 公尺／秒以上的熱帶性低氣壓稱為颶風 (hurricane)；在印度洋和南太平洋形成的則稱作氣旋 (cyclone)。至於主要發生在積雲和積雨雲中的旋風──龍捲風，則不屬於颱風。這兩種旋風最大的差別在於，龍捲風並非在熱帶地區生成，而是多發生在溫帶地區，也沒有颱風眼。

　　颱風必須在赤道附近的海域才能生成的原因是，此處的海水溫度較高，當水溫達到 27 ℃ 以上，便會有大量水蒸氣蒸發，而有充足的水氣便容易生成垂直高升的積雨雲。當積雨雲裡形成的迴旋風流遇見了高溫多溼的東南風和北半球吹拂的東北風，就會形成更大的旋風。

這些旋風再繼續發展下去，則會成為熱帶性低氣壓。熱帶性低氣壓的旋轉方向會受到科氏力❶的影響，在北半球為逆時針旋轉，而在南半球則為順時針旋轉。

每一個颱風都有各自的名字。這是因為在同一個地區，可能同時存在一個以上的颱風，所以為了不讓颱風預報時產生混淆，才需要命名。第一個替颱風取名字的國家是澳洲。一開始澳洲的氣象預報員們，是用自己不喜歡的政治人物來替颱風命名。

到了第二次世界大戰之後，美國開始正式為颱風進行命名，但很討人厭的是，這時的氣象預報員所用的竟然是自己妻子或戀人的名字。這明顯是一種對女性的貶抑及性別歧視，因此受到了譴責。於是從 1978 年起，颱風便開始交替使用男性與女性名字來命名。到了 1999 年，則開始由美國聯合颱風警報中心負責制定颱風的名字。而目前所使用的颱風命名方式，是從 2000 年制定以後就一直沿用至今，現在的颱風均是由各個颱風委員會會員國的語言來命名。

每一個颱風委員會會員國可以提出 10 個名字作為颱風名稱的候選，目前韓國提出的名字包括：螞蟻、百合、玫瑰、水鹿、燕子、銀河、狸貓、白天鵝、鯰魚、禿鷹；而北韓所提出的名字

---

❶ 科氏力是一種慣性力，能夠使在旋轉座標上的物質偏移其原本運動的方向，是主要影響地球各季風與信風區風向、南北半球高氣壓與低氣壓旋轉方向的力量。

為：大雁、桔梗、海鷗、虹彩、回音、雲雀、柳樹、紅霞、蒲公英、羽翼❷。

每當氣象預報出現颱風這個詞時，我就會神經緊繃，想著這次會不會經過韓國？或者會帶來多少災害？一想到那些因颱風受害的人們，就覺得心痛。但從地球的角度來看，颱風又是一種不可或缺的自然現象，因為它可是平衡各區域熱量非常重要的方式。赤道地區因為接收了大量的日照，所以總是相當炎熱；相對地，南、北極圈內由於太陽終年斜射，因此極為寒冷。颱風可以將聚集在同個區域的熱量分散到各個地方，是幫助達到熱量平衡的重要良策。

若較少在關心國際消息的話，可能會產生只有夏天才有颱風的錯覺，但那只是韓國的情況。事實上，地球在任何時候都可能生成颱風，差別只在於它經過的路線是哪裡。颱風的形成是不可避免的，比起怨天尤人，更重要的是能夠對颱風做出正確的預測，以做好防範。

大自然乍看非常美麗，但對居於其中的生命而言，卻是毫無慈悲之心，有時甚至是極其殘酷的。大自然之於所有生命，就跟命運一樣，是一切生命發光發熱的立基石，所有生命均仰賴於自

---

❷ 這 20 個名字在韓文中皆屬於純韓文，即沒有漢字音，也不受外來語影響，是韓文中原始流傳下來的固有語名詞。

然的滋養、順應於命運的安排。如果在人生的過程中無法理解人類的渺小，並對大自然的力量不屑一顧，那終有一天將會受到大自然的反噬。

費了九牛二虎之力，我拼死拼活才走出 7 號路線。就在隔天，又開始颱風下雨了。我覺得不太對勁於是上網查詢，才透過新聞得知又有颱風從日本方向來襲了。雖然外頭下著雨，但想著我都專程來到這邊度假了，於是還是穿著雨衣、撐著傘，登上了城山日出峰，但衣服和鞋子全都溼了。奇怪，看電視上的登山服廣告，模特兒們就算只穿著一件風衣也能在颱風裡健步如飛，難道是我的裝備哪裡有問題嗎？真是一趟艱難的濟州之旅啊！

自轉軸和那些傷春悲秋的人之間的有趣關係

久違地決定跟家人們一起在媽媽家的頂樓吃晚餐。由於想買正值當季的蝦子來鹽焗，便驅車往附近的魚市場出發。但就在市場近在咫尺時，卻開始塞車了。好不容易終於進到停車場並停好車，但走進魚市場時，卻發現市場裡人聲鼎沸。結果這頓晚餐延遲了將近一個小時才開始。就在急急忙忙烤了五花肉和蝦子後，太陽就已經漸漸下沉，只剩漆黑的天空掛著半輪明月，真是討厭。我們只好靠著手機的手電筒幫肉翻面，再剝蝦殼。此時，家人們紛紛開始說著：「奇怪，白天什麼時候變得這麼短了？」

仔細想想，那天距離白天、黑夜同樣長度的秋分（陽曆 9 月 23 日），已經過去十幾天了。在從秋分開始一直到冬至約三個月的時間內，白天的長度會漸漸變短。白天會變短的原因，跟季節交替的原因是一樣的。這是因為以公轉軌道面為基準，地球自轉軸約傾斜了 66.5 度。用地球儀來聯想就很容易理解了。自轉軸是以直線將北極與南極連結的準軸，而地球就以此為重心，一天自轉一周。若將地球儀擺放在桌上，可以發現它一直都是傾斜著的。雖然根據觀看的方向不同，地球儀傾斜的方向也會不同，但為了理解方便，我們先統一假設它的自轉軸方向是平面座標中

的第一象限與第三象限之連線好了。

　　想像一下現在有四個上述的地球儀，這四個地球儀被有間隔地各自放在上、下、左、右四個方向。這時在中間位置放上一顆會亮的燈泡，接下來只要觀察每個地球儀是哪個部分被燈泡照亮最多就可以了。先看一下左邊的地球儀，被照到最多燈光的部分應該會是地球儀的右上部分。此時在同個位置就算輕輕轉動地球儀，照亮的區域也是一樣的。地球儀上那些被燈光照亮最多的區域就代表著地球的北半球，當地球運行到軌道的這個位置時，就是北半球陽光最多、照射時間最長的季節──夏天。

　　現在輪到對面那個位在右邊的地球儀了。這個地球儀的下半部因為距離燈泡較近，是照到最多陽光的地方；相反地，地球儀的上半部所照射到的面積卻少了很多。這就代表著此時的太陽會直射南半球，而北半球能接收到的陽光則較少。當地球運行到軌道的這個位置時，就是南半球的夏天，而北半球則是處於隆冬。

　　最後，看一下上、下兩個地球儀。這兩個地球儀被燈光照到最多的是赤道部分，而北半球和南半球則相親相愛地共享陽光。當地球運行到軌道的這兩個位置時，北半球與南半球就迎來了春天和秋天。而在北半球從秋分進入冬至期間的地球位置，就很像將位於上側的地球儀逐漸往右側的地球儀移動。在移動過程中應該可以很清楚地觀察到，照射在地球儀上半部的燈光會逐漸變少，這就是「白天變短」的原因。

　　我們來思考看看，若地球自轉軸角度為 0 的話會怎麼樣呢？如此一來太陽當然就會均勻照耀地球，使得陽光照射角度最小的赤道地區總是很熱，而角度最大的極圈地區則是一直很冷，也就不會再有所謂季節這種東西了。先等一下！那如果是在自轉軸有傾斜，且地球也會自轉，但卻不會繞著太陽旋轉，也就是不會公轉的情況下，又會怎麼樣呢？

　　答案就是，只在同個地方自轉的地球，一樣不會有季節變化。所以說單是地球具有四季更迭的這件事，就不僅證明了自轉軸是傾斜的，同時也是地球會進行公轉的證據。

　　仔細想想，自轉軸傾斜所影響的，不單單僅有日夜的長度及氣溫的變化。當秋天來臨時，動物們會開始換毛，而人類的毛髮也會進入不太生長的休眠期。另外，在這個時期由於氣溫逐漸變低，為了避免體溫下降，身體就需要消耗掉更多的能量，如此一來，人們就會變得總是想吃甜食。除此之外再加上活動量的減少，都會害人變胖。

　　另外，由於可以曬到太陽的時間變短了，就會使得能幫助入睡的褪黑激素分泌量增加、使心情變好的血清素分泌量減少，這就是人們之所以會傷春悲秋的原因。要是你這個秋天開始覺得莫名想哭，胸口的一隅還會因為寂寞而隱隱作痛的話，就別再怪自己感傷了，改盡情責怪傾斜的地球自轉軸吧！

野柳地質公園的女王頭

從出版社那聽說這本書要在臺灣出版的時候，我開心得暈頭轉向。雖然光是有機會把書介紹給其他國家的讀者，就足以讓人激動不已了，但那個國家竟然是臺灣，更是讓我高興。臺灣對我來說是個有特別意義的國家。在我還是小學生的 1989 年，我的爸爸曾經到臺灣工作一年。那個時代的國際電話費還非常貴，所以爸爸只能每個月寄一、兩封信回來，我也會很認真地回信。

某天，爸爸寄來的信裡附了幾張照片。好像是在海邊拍的照片裡，有好幾根比人還高的石柱，像蘑菇般四處聳立在地面上。但那石柱長得非常特別，頂端的部分黑黝黝的，到處遍布著孔洞，身體則有著纖細的腰身。這種形狀的石柱究竟是怎樣形成的呢？這世上真的存在著這種地方嗎？照片裡的地方在年幼的我看來，簡直像仙女座星系的行星一樣奇幻。當時我就在心中立下誓言：野柳地質公園，有一天我一定要親自去那個地方看看。

國中時學了侵蝕作用和岩石的變化，稍稍緩解了我對石頭外型的好奇心。侵蝕作用是指地表的岩石、石塊或土壤等因水或風等力量被切削、溶解後，移動至其他地方的現象。岩石在雨水澆淋下一點點被切開；卵石流入河中，使表面漸漸被磨圓；冰河的

▲ 作者父親於野柳地質公園所拍攝的照片。（ⓒ심혜진 l 1989 년 3 월 6 일 예류지질공원에서 찍은 아빠의 사진）

移動使地表被切削而有所變化等，都與侵蝕作用有很深的關係。有時岩石也會因為風、陽光、酸雨等因素開始風化。被切削、碎裂的石礫，終究會和動植物的殘骸一起被堆積在某處，而它們再次沉積硬固後，就會重新變成岩石，稱為沉積岩。另外還有與侵蝕、堆積作用無關，由岩漿冷卻後凝固而成的火成岩；以及沉積岩和火成岩經過高壓、高熱作用後，性質改變而形成的變質岩。然後這些岩石會再度被侵蝕切削，又再被移動到某個地方。

　　讓我覺得非常神祕的野柳地質公園蕈狀石，一開始也不是長成那個樣子的。據說它們原本全都是海裡的沉積岩。數千年前，地底深處巨大的力量引發地殼變動，把海底的地盤推到了

海面上，升到陸地上的沉積岩便開始了風化及沉積作用。然而蕈狀石的頭部和柱體之所以沒有被均勻侵蝕，反而出現明顯的差異，原因在於沉積岩的成分不同。蕈狀石的頭部屬於石灰質砂岩 (calcareous sandstone)，比柱體部分的土黃色砂岩 (ocher-yellow sandstone) 更加堅硬，使得頭部比柱體更不易受侵蝕，形成了巨大頭部配上纖細柱體的石柱。像這種在某種岩層上堆積有更加堅硬的岩層，進而被侵蝕成獨特模樣的石柱，就被稱為岩柱 (hoodoos)。

聽說野柳的岩柱中，最受歡迎的就是「女王頭」。從照片上看它纖細的頸線和優雅抬起的頭，真的跟高貴的女王側臉一模一樣。聽去過的朋友說，想跟這塊石頭拍照，得排上很久的隊才行。但很可惜的是，有個任何人都無法否認的事實，那就是即使是現在這個瞬間，女王的脖子也正一點一滴地被侵蝕著。

根據臺灣英文新聞 (Taiwan News) 2017 年 7 月 18 日的報導，國立臺灣大學研究小組調查結果指出，女王頭的脖子正在逐漸變細，會在未來的 5～10 年內斷裂。

聽到這個消息，我暗自在心底嘆息。要是這個從小就一直很好奇的野柳女王頭的脖子就在這期間出了什麼差錯，該怎麼辦呢？我真的很擔心。於是我心中抱著一絲期待，試著在網路上搜尋，期盼搞不好已經有了解決辦法。但花了大半天，我找到的只有「與其用人為方法硬去處理，不如暫時順其自然」的內容。

雖然不是期盼的內容，但「順其自然」這句話好像打醒了我。讓女王頭不倒的方法有很多——可以像博物館展示文物般，做一個透明的結構遮蔽岩柱；可以在表面塗上延緩侵蝕的物質做化學處理；或者加上補強的東西。臺灣能把這些非常輕鬆的選項放在一邊，選擇將它暫時交給自然，是一個多麼不容易的決定啊！

我曾絕望於人類的短視與自私，但卻仍有人能做出這種選擇，讓我感到一絲希望。要說違反自然規律，硬是留住觀光客的理由不是因為人類貪欲的話，實在說不過去。有人說科學不是發明，而是一種發現。我想，未來的科學技術應該要盡量去發現自然的法則跟宇宙的秩序，以導正那些因為人類而失序的許多事物。

當然，如果女王頭最後沒有被「順其自然」，而是有了其他的選擇，我也會抱持尊重的心情。因為那一定是在深思熟慮之後所做出的最好選擇。

臺灣，這個無論何時都被我放在心裡的地方，我在想等疫情狀況穩定之後❶，就要馬上訂好前往的機票。到達後，先在臺北市中心的書店買一本被翻譯成繁體中文的我的書，之後再去爸爸拍過照的蕈狀石前面，用同樣的姿勢再拍一張。就算女王頭現在的樣子已經變得不一樣了，我也會記得那就是自然的常理。我想天上的爸爸，應該也會欣慰地關注這天的到來吧！

---

❶ 本文寫作於 2020 年，正值嚴重特殊傳染性肺炎 (COVID-19) 全球流行期間。

Part 4

比想像中更沒什麼
的科學常識

點亮各式夜空的煙火原理

　　小時候，我生活的地方每年都會舉辦一個為期 10 天的盛大慶典，就是在 4 月初舉辦的賞櫻兼軍港節。在那段時間內，原本安靜的市區會到處擠滿從韓國各地到來的攤商和遊客。五、六歲時第一次參加軍港節的我，在那裡第一次看到了只在繪本上見過的香蕉實體。

　　此時的街道上，到處充滿著五花八門的攤販。我有聽過賣藥的人在大聲吹噓著，吃了他的藥之後就可以用手擊碎石頭；跟媽媽一起去帳篷劇場的時候，也在舞臺上看過頭是人、身體是蛇，來路不明的詭異生物（？）。雖然知道一定是騙人的，但那詭異的生物究竟是什麼，現在也已經沒有辦法深究了。

　　走出陰森而陌生的帳篷劇場時，天就已經黑了。我牽著爸爸媽媽的手，艱難地走在只看得清大人背和雙腳的路上。經過了有賣烤麻雀、滿是白煙的酒鋪攤販，來到了某個地方。此時，幾聲砰砰的巨響傳入耳中。接著，在夜空中迸發了朵朵煙火，繽紛璀璨、燦爛奪目。那是我第一次看到煙火的瞬間。

　　當時的煙火跟現在比起來，不管是外型或顏色都樸素許多。煙火表演就只有紅色、綠色、藍色、白色等單色的煙火交錯炸開

而已。但這還是讓我覺得新奇不已，畢竟又不是顏料，區區火花竟然可以綻放出如此繽紛的色彩。白天的陌生體驗和劇場中那奇異的場景，都彷彿和綻放後的煙火一起消失在了黑暗之中。

　　煙火的原理其實就是在密閉的桶子裡放滿具爆裂性質的火藥，再點火使其釋放至空中並點燃，換句話說就是「燃燒」衍生出來的現象。所謂的燃燒就是指某種物質和氧氣迅速結合，進而產生光和熱。因此，如果沒有氧氣，物質便無法燃燒。

　　火藥的材料比想像中簡單很多。只要有碳粉 (15%)、硫磺 (10%)，還有硝酸鉀 (75%) 就可以了。碳粉在火藥中被作為燃料使用；碳是一種能輕易與氧氣結合、容易燃燒的物質，所以大部分的燃料都含有碳的成分。硫磺的作用則是使碳粉和硝酸鉀能更緊密地結合；硫磺是一種容易在溫泉或火山附近見到的元素，鞭炮爆炸時之所以會散發刺鼻的味道，就是氧化的硫磺造成的。

　　而占最多比例的硝酸鉀 (KNO_3) 則是讓火藥變得像火藥的重要成分。由氮 (N)、氧 (O) 和鉀 (K) 組成的這個分子，只要和含有碳或硫磺的物質結合，就很容易產生爆炸。當硝酸鉀被加熱時，分子中的氧元素便會分離出來，這些氧氣就能和碳粉結合，使其在密閉的桶中劇烈燃燒。換句話說，硝酸鉀的功用就是用來提供氧氣的氧化劑。

　　由於煙火中本身就含有能夠生成氧氣的硝酸鉀，因此就算是在氧氣極為稀薄的空間也能順利燃燒，也就是說，就算是在太空

中也能欣賞到煙火之美。這個推論是由美國堪薩斯州立大學的化學教授史蒂芬‧伯斯曼 (Stefan H. Bossmann) 所提出。不過，在太空中觀賞煙火與在地球上還是有一項決定性的不同，就是聽不見煙火爆炸的聲音。聲音是一種波動，而任何波動的傳遞都需要透過介質，但太空中不存在空氣或水等適當的介質，因此也就無法聽到聲音了。

　　煙火的顏色會依據火藥中加入不同的金屬化合物粉末而有所差異。每種金屬都具有獨特的性質，當遇到高溫火焰時，就會產生一些化學變化，並發出特定波長的光，這個現象就稱為焰色反應。因此在煙火中加入金屬化合物粉末，就能使得火花呈現各種特殊的顏色。

　　科學家們會利用這個原理，將金屬化合物燃燒時所發出的光放進光譜儀●中進行光譜分析，並仔細地觀察該金屬化合物所擁有的獨特色光，以藉此確認裡頭是否還有沒被發現的新元素，並用它們一一填滿元素週期表的空格。

　　焰色反應的原理，對於瞭解太陽是由哪些元素組成也至關重大。分析的方法是使陽光通過光譜儀，再將得到的數據與已經被發現的元素們進行比較。1868 年，法國天文學家皮埃爾‧讓森

● 光譜是由各種波長的光依序排列而成。物體可以吸收、反射或者發出光線，而光譜儀能夠測量由物體反射或發出的光線，並進行光譜分析。

(Pierre Janssen) 發現，在日蝕❷時接收到的陽光，存在著地球中未曾見過的新元素。於是他便以希臘文中代表太陽的單字 "helios" 來為這個元素命名，取名為 "helium（氦）"。

我們在煙火中看見的濃豔紅色是鋰的焰色、黃色是鈉，而藍綠色則是銅。小時候在空中看見，覺得如同由顏料畫出的這些煙火顏色，其實就是由這些金屬元素所發出的。德國哲學家狄奧多‧阿多諾 (Theodor Ludwig Wiesengrund Adorno) 曾言：「煙火是藝術最完全的型態，因為在完成的瞬間就從眼前消失了。」

雖然想把美麗的事物長久留在身邊，但很可惜沒有辦法。就如同煙火綻放後就注定會消失，僅留下遺憾。不過或許正因如此，我們才會再次期盼、等待下一次的煙火綻放也說不定。

---

❷ 指太陽─月亮─地球呈一直線時，太陽的全部或部分被月亮影子遮住的現象。

水結冰的溫度，冰融化的溫度

我的膝蓋受過很多次傷，都是 40 年來跌倒無數次所累積下來的。不知道是個性太急躁還是不夠小心，即使到現在超過四十歲了，每年都還是會跌上一次，簡直就像年度例行公事一樣，實在很糟糕。

對這樣的我而言，冬天時走在任何地方都如履薄冰。不僅鞋子一定只穿低跟，而且鞋底還得是堅固耐用、不會磨損的那種。要是還下了雪，我的步伐就會變得彷彿憋尿至極，要慢慢走去廁所那樣小心翼翼。年輕時候跌倒還不要緊，但上了年紀之後就逐漸開始害怕了，擔心萬一傷到骨頭怎麼辦。雖然眺望下雪的街道是件很棒的事，但積雪又讓人感到討厭，心情真的很複雜。

難道下雪的時候，就沒有什麼好辦法能避免路面結冰嗎？最好就是雪一落下來就可以自動消失，但在現實中這是不可能的。所以地方自治團體才會用裝有除雪裝備的卡車，把雪推到路邊。而除雪車進不去的地方，就不得已地只能靠人力除雪了。但萬一堆積的是雪融之後又再次結成的厚厚堅硬冰層，光憑掃帚就無法解決了，得找其他方法才行。

這時會派上用場的就是氯化鈣 ($CaCl_2$) 了。氯化鈣是將碳酸鈣 ($CaCO_3$) 和鹽酸 (HCl) 反應後所生成的化合物。將氯化鈣撒在冰上後，碰到氯化鈣的冰會因為凝固點降低而融化成水，且這些水基本上就不會再結凍了。

凝固點指的是溶液由液體凝結為固體的溫度，每種溶液都有自己的凝固點。在一定條件下，溶液的凝固點高低會與濃度有關。一般而言，濃度愈高的溶液會具有愈低的凝固點。例如純水的凝固點為 0 ℃，但若在 1 公升的純水溶入 58 公克的鹽之後，則該鹽水的凝固點就會下降為 −5.6 ℃。也就是說，若想讓鹽水結冰，則必須使溫度降至更低。

比起食鹽，氯化鈣可以讓凝固點降得更低，只要把氯化鈣和冰塊混合的比例調整好，最低甚至可以使凝固點下降到 −54.9 ℃。韓國再怎麼冷，只要不是在高山的山頂，平常的氣溫也很難低到 −20 ℃ 以下。所以只要將氯化鈣撒在冰上，就算是在寒冬之中，也能讓厚冰層融成一片。

氯化鈣還有另一個了不起的功能，就是它的吸溼功力絕佳，所以常被拿來作為除溼劑使用。觀察市售除溼劑的成分表，甚至還有產品成分寫的是 100% 氯化鈣。不過其實除溼劑也可以在家自己動手做，只要把氯化鈣放進用完的除溼劑盒子中，並在上面貼一層薄的不織布，就可以輕鬆做出很棒的除溼劑。而且，氯化鈣在網路上也很好買到。

　　讓我們把話題回到鹽或氯化鈣使冰塊融化的原理。這個現象不僅能夠使氯化鈣發揮除冰劑的功能，還能夠讓其他溶液結冰。前者我們已經介紹過原理了，但後者又是怎麼辦到的呢？

　　我們來做一個實驗。先在一個巨大的碗裡放入冰塊，然後均勻撒上鹽巴，使其和冰塊混合。另外準備一個裡面裝有水或飲料的塑膠袋，並且綁緊袋口以避免滲漏，接著放進裝有冰塊的大碗裡（也可以把小瓶的養樂多整瓶放進去）。經過十幾分鐘後，因為凝固點降低的關係，大碗中加入鹽巴的冰塊會逐漸融成水，但最重要的變化會出現在塑膠袋中──裡頭的水凝結成冰了！

　　會發生這個現象的箇中原因在於「熱傳導」。會一直改變的不是只有愛情，熱能也會持續在物體間移動。在這個實驗中，大碗中未加入鹽的冰塊會因為吸收周圍的熱能而逐漸融化；而既然熱能轉移到冰塊中，也就會使得碗內變得更加涼爽。在加入鹽使冰塊水的凝固點降低後，也就意謂著冰塊水可吸收更多周圍的熱。若把裝有水的塑膠袋放入，則袋中水的熱能便會持續被冰塊水吸收。此時由於周圍的溫度已降到 0 ℃ 以下，低於純水的凝固點，因此袋中水便會結冰。但反觀碗裡的水，由於加入了鹽使凝固點降低便不會再度結凍。總結來說，這種現象之所以會發生，就是因為熱能可以相互交流所導致的結果。

　　就算能夠很簡單地讓冰塊融化，但在馬路上隨意亂撒氯化鈣還是很危險的。因為溶有氯化鈣的水會使鐵鏽蝕，損害交通設施，而且植物、昆蟲和那些肉眼看不見的微生物們，也都無法在這麼鹹的水中生活，容易造成生態的浩劫。以環境汙染為首，方便的代價竟是對其他生物的傷害。難道都市的生命要與其他生命和平共存，真的如此困難嗎？

復仇者聯盟也捏不破的雞蛋

把生雞蛋放在手掌心上，用拇指之外的四根手指頭把蛋包覆起來，接著再用吃奶的力氣施力，會發生什麼事呢？

1. 手的熱氣會把雞蛋弄熟。
2. 孵出小雞來。
3. 不可以玩食物，蛋當然是會破掉囉！
4. 毫無動靜。

我用過一種可以同時擠出紅、白雙色的牙膏，只要擠壓牙膏軟管，紅色部分就會被擠成固定的條紋狀。而且不管擠的是軟管的頭、中間還是側邊，兩種顏色都不會混在一起。既然是一起從那麼窄的出口擠出來，這兩種顏色的牙膏量為什麼可以如此平均呢？我真的非常好奇。我猜軟管內部可能有用塑膠膜之類的東西隔出空間，避免紅色和白色牙膏混在一起。因為很想親眼確認它的構造，等牙膏都用完之後，我便用刀片把牙膏軟管切了開來。

咦？裡面居然什麼都沒有！雖然原先的假設被推翻了，但我卻發現了在擠出牙膏的開口部分跟其他的牙膏軟管內部長得有點

不一樣。在開口處插著一根長得像吸管的塑膠短圓管，而周圍則有著非常小的孔。此外，軟管中的牙膏後半部是白色的，前半部則是紅色的，這兩種顏色分別從大孔和小孔被擠出來。

這種商品其實正是「帕斯卡原理 (Pascal's principle)」這個物理現象應用於生活中的最佳例子。可以自由流動的液體和氣體，為了強調其具有的流動性質，因此在物理學中被稱為「流體 (fluid)」。事實上帕斯卡原理非常簡單，指的是當流體被置於密閉容器中時，不管按壓容器的哪一個部分，傳送到整個流體上的壓力都是一樣大的。

比方說，有一種裡面含有一顆顆小柔珠的髮膠，若想把卡在中間的一顆柔珠擠到另一邊去，在髮膠蓋子緊閉的狀態下，不管再怎麼捏軟管的每個角落，都很難成功。這是因為此時軟管內的髮膠全都受到一樣大的壓力，當柔珠移動時，周圍的髮膠也全部都會跟著移動；而被壓的軟管恢復成原本的形狀時，柔珠和周圍的髮膠也會再次回到原本的位置。而前面所述可以同時擠出兩種顏色的牙膏，原理也是一樣的。不管再怎麼擠它，軟管內的牙膏被擠出來時還是會維持紅白分明的狀態。當然牙膏和髮膠並非液體，但處於密閉狀態下時，仍會遵守帕斯卡原理。

生活中還有另外一個使用帕斯卡原理的例子。修車廠能透過油壓裝置以很小的力量舉起超過 1 噸的汽車，也是應用這個原理。我們來想像一個非常簡單的油壓裝置，其為一根裡頭裝滿

水，並用軟木塞堵住兩邊開口的 U 形管。不過兩邊開口的面積差距為 100 倍，一邊為 1 平方公分，另一邊則為 100 平方公分。

當我們在 1 平方公分開口端的軟木塞上壓上 1 公斤的石頭，那麼管子裡頭所有的水每 1 平方公分都會同樣接收到 1 公斤的壓力，且這個壓力會原封不動地傳到寬口端那邊。既然是每 1 平方公分受到的壓力為 1 公斤，那麼 100 平方公分的開口自然就會接收到 100 公斤的壓力。換句話說，我們就可以用 1 公斤的力量，舉起 100 公斤的物體！

除了修車廠之外，飛機的機翼或起重機的吊臂，也都是仰賴這種油壓裝置來進行運作。此外，汽車的煞車、哈姆立克急救法，也是這個原理的應用。

回到最一開頭提到的雞蛋問題，該問題的正確答案是選項 4：不管捏得多用力，都不會有任何動靜。這現象同樣可以用帕斯卡原理來解釋。因為被手指包覆的雞蛋中充滿著流體，蛋白和蛋黃能夠把從四處傳來的壓力分散至各個地方。此時由於手指已經盡可能平均地包覆雞蛋，所以不會有受力不平均的問題，如此一來雞蛋就不會破了。

在寫這篇文章之前，我把冰箱裡的五顆雞蛋一個個拿出來握過了一次。畢竟腦袋裡的知識和實際的經驗再怎麼說還是不太一

樣的，我在嘗試時其實也很擔心，萬一真的破了怎麼辦，所以我把蛋放到了塑膠袋裡以防萬一。等一切準備就緒後，我便用拇指以外的四根手指用力握住雞蛋，結果真的一個都沒破。雖然各位可能會懷疑是我手太沒力氣了，但其實就算是讓電影《復仇者聯盟》(*The Avenger*) 的主角們親自一試，結果也是不會破的。不相信的話，只要握看看就會知道了。相信你一定也會感慨：不過只是一顆小小的雞蛋，其實也是十分強韌的呢！

為什麼用鋁鍋煮的泡麵更好吃

想像一下，在一個很冷的日子裡你在外面等人，結果對方傳來了會遲到 30 分鐘的訊息，但此時附近又沒有咖啡店。就在腳站得很酸、很累時往周遭一看，發現附近有一張木椅和一張金屬椅。如果是你的話，會選擇坐哪一張椅子呢？

我想，應該大部分的人都會想坐木椅吧？因為金屬椅一定比木椅更冰。在寒冷的天氣下，明明兩張椅子都一樣被擺在外面，為什麼我的屁股可以感受到兩張椅子之間的溫度差異呢？難道木椅的表面溫度會比金屬椅更高嗎？

其實並不是。兩張椅子的溫度應該都跟那天的氣溫是一樣的，差別只在於我們身體的感覺不一樣。會有這樣的差異是因為熱傳導速度不同的關係。

熱能會從溫度高的地方往低的地方移動，而熱能的傳導方式大致可分為三種，分別是輻射、對流還有傳導。

太陽和地球之間是幾乎什麼都沒有的真空狀態，但太陽的熱能仍舊能穩定地傳到地球。像這種熱能不需要透過介質就能直接傳達的方式稱為「輻射」。第二種導熱方式是透過物質在高溫時

會上升、低溫時會下降的性質來進行，這種藉由物質本身的直接移動來進行導熱的方式稱為「對流」，像水被煮滾、空氣變熱後會向上抬升也是屬於一種對流。

最後一種方式是以分子間的碰撞來傳導熱能。在高溫處的分子振動速度快，這些分子會透過撞擊，將熱能傳導給低溫處的分子。以加熱鍋子為例，熱能會透過鍋子，從底下火源的高溫處逐漸傳遞到其他部分，這種方式稱為「傳導」。另外像是把湯匙放在滾燙的湯碗中之後，連湯匙柄都會變燙，也是傳導的關係。

熱在傳導時，中間介質傳導熱的速度稱為熱傳導率，不同介質的熱傳導率各異。其中金屬的熱傳導率較高，可以迅速將熱能從高溫處傳到低溫處。當我的屁股碰到鐵椅時，溫度較低的鐵會迅速把我身上的熱能帶走；而相較之下，木頭的熱傳導率較鐵低了數百倍，只能一點一滴慢慢地帶走熱能，幾乎讓人感覺不出來。

有人認為用鋁鍋煮的泡麵最好吃，這其實並非空穴來風。這是因為鋁鍋比起其他材質更容易導熱，所以可以迅速把來自瓦斯爐的高溫傳導到水中。就算水溫因為放入麵條而稍微下降了一點，也能立刻重新沸騰，如此一來就可以縮短麵條泡在水中烹煮的時間，煮出不軟爛、口感 Q 彈的麵條。

熱傳導的影響還不只這些。海狗或鯨魚等能將體溫維持在一定範圍的恆溫動物，不管是在酷寒的冰層上或冰冷的海底都能保持溫暖體溫，也跟熱傳導率有很大的關係。這是因為跟水比起來，脂肪的熱傳導率較低。而這些生物們身上都裹著厚厚的體脂肪，因此能夠阻擋體內的熱能傳到體外。

另外，在盛夏裡我們喜歡懷抱著竹夫人❶入睡，也是這個原理。因為竹子的熱傳導率（高／低）出了其他樹種二倍，因此可以快速導出我們體內的熱能。以上問題，你選擇的答案是？

（正確答案：高）

---

❶ 一種用竹子編織而成的長型筒狀物，中央鏤空而透氣，抱著睡覺可達到消暑功效。

如果太空裝破洞的話？

今天是冬至，想來煮個紅豆粥，所以我在前一天就把紅豆先泡在水裡了。人家說紅豆要煮二、三個小時才能煮透，但因為對連日舉辦的尾牙感到疲憊，導致我相當地心急。明明連睡覺的時間都不夠了，到底為什麼還決定要煮紅豆粥呢？雖然想怪自己太過草率，但紅豆都已經泡下去了，不管怎樣都要處理才行，因此我拿出了可以在最短時間內煮好紅豆的祕密武器——壓力鍋。

在壓力鍋中放入紅豆、水和鹽之後就可以蓋上鍋蓋，放在瓦斯爐上任它烹煮。等到洩壓閥開始搖晃，發出吵雜的聲音後，再稍待片刻就可以關火了。然後等到鍋中的蒸氣都洩完之後，把紅豆撈出來就好了。使用壓力鍋至少可以縮短 $\frac{1}{4}$ 烹煮紅豆的時間。下一個步驟是把煮好的紅豆壓爛後，與泡好的糯米和水一起放進壓力鍋熬煮。此步驟原本應該要開著蓋子慢慢攪拌才對，但對於累得半死、眼珠都快掉下來的我而言，一分一秒都很珍貴。所以我在放入材料之後，就決定蓋上鍋蓋。壓力鍋噗哧一聲，發出了充滿空氣與水蒸氣的聲音，開始熬煮。經過一陣子後，在粥從壓力鍋的小孔冒出來把周圍弄得亂七八糟前，我趕緊把火關了。

　　幾分鐘後等鍋子安靜下來，我把洩壓閥掀開，確認蒸氣是否都冒出來了，接著便將把手打開，轉開了蓋子，此時卻發現鍋子裡有什麼在動。一打開蓋子，原來是粥正滾著大泡沸騰著。明明火已經關了好幾分鐘，但一打開蓋子，原本已無動靜的粥卻又再次沸騰起來，這是怎麼一回事呢？

　　每種物質都有各自的固定沸點。所謂沸點指的是在液體整體發生汽化現象❶時的溫度。因此當有一杯不知名的液體時，只要將該液體加熱至沸騰，再測量當下的溫度，就可以以沸點推論該液體是什麼了。我們一般會說水的沸點是 100 ℃，但這裡其實有個先決條件，就是必須是在 1 大氣壓 (atm) 的情況下。事實上如果環境的氣壓不同，物質的沸點也會改變。氣壓就是空氣施加給物體的壓力，愈往高處爬，空氣就愈稀薄，因此氣壓也會愈低。而氣壓低的話，物質的沸點也會變低。因此在韓國第一高峰的漢拏山山頂上，水的沸點大約是 95 ℃；而在比它更高的長白山（韓國稱白頭山）山頂，水的沸點則為 90 ℃ 左右。

　　相反地，氣壓升高的話，物質的沸點也會跟著升高。壓力鍋的原理就是不讓空氣及水蒸氣排出，藉此讓鍋內的氣壓增加，使得鍋中的水大約要到 120 ℃ 左右才會沸騰。由於食材會在比一般鍋子更高溫的環境下烹調，因此可以熟得更快。

---

❶ 指液體轉化為氣體的過程，汽化分為蒸發與沸騰兩種現象。

熱烈沸騰的粥在關火之後逐漸冷卻，待降到 120 ℃ 以後便會停止沸騰，而溫度依然會持續往 115 ℃、110 ℃ 慢慢下降，但在還沒有降到 100 ℃ 以下時，鍋蓋就被我打開了。就在鍋蓋被打開的剎那，由於鍋內的壓力瞬間降低，使得水的沸點也跟著降回 100 ℃，因此粥又重新沸騰了起來。

關於氣壓和沸點間的關係，還可以舉出好幾種情況。例如在山上煮飯的時候，若把石頭壓在野炊鍋上，就可以讓飯煮得更熟；用大鐵鍋煮的飯之所以特別好吃，是因為沉重的鍋蓋就像壓力鍋一樣，提高了鍋內的壓力；而火山地區噴發的間歇泉溫度會比 100 ℃ 更高，則是因為地底深處的壓力比地表更高的關係。

順著這個知識，讓我們來想像一件有點獵奇的事。人類的平均體溫約為 36.5 ℃。依照前述氣壓愈低，沸點就會愈低的特性，若能使氣壓無限地降低，理論上就會有僅需 36.5 ℃ 就能讓水沸騰的時候，而太空環境正好符合氣壓極低的條件。那麼，萬一太空人的太空裝在那種氣壓下破洞的話，會發生什麼事呢？

我們的身體組成中有 70% 都是水。在太空的極低氣壓下，這些水便會沸騰而化為水蒸氣，使得體積無限放大，於是我們的身體就會像吹氣球般膨脹起來。你以為即使發生這種事，還可以像漫畫裡面一樣，輕飄飄地在太空中盡情浮游嗎？這情況在現實中當然是不可能達成的。因為啊，太空中的溫度大約可以低至 –270 ℃，以人類可存活的溫度來說也太冷了對吧？

慣性定律，
媽媽為什麼會跌倒呢？

我讀幼稚園的姪子參加了他生平第一次的跑步比賽，聽說還得到了第三名。正當我在為他感到驕傲時，就發現其實那場比賽總共只有三個人參加而已。而且聽說，他跟第二名還有不小的差距。姪子心中其實非常希望能得到好名次，但卻發現身體沒有辦法符合自己的期待，因此好像非常難過的樣子。我為了幫他打氣，於是跟他說了一個小祕密。

我跟他說：「你媽媽第一次在運動會跑步時，就跑了倒數第一名，而且最後還自己噗通一聲跌倒了。」一聽到「跌倒」，姪子就露出了笑容，歪著頭問我：「我都沒跌倒，為什麼媽媽會跌倒呢？」就是啊，究竟為什麼會跌倒呢？

如果需要科學一點的解釋，就是由慣性造成的。慣性是物體會抗拒運動狀態的改變，以繼續維持現有運動狀態的一種性質。在持續運動的物體中，慣性會使其往同方向以同樣的速度持續運動（運動慣性）；而在靜止的物體中，慣性則會使其保持在同一位置的靜止狀態（靜止慣性），這就是牛頓第一運動定律。根據這個定律，一旦物體開始運動，就會永遠繼續運動下去。不過當然這還需要符合一個重要的條件，就是物體必須不受外力的影響。

在地上滾動的小鋼珠，不可能永遠往同方向滾動，總會有停下來的時候，這是因為地板和鋼珠之間存在著「摩擦力」；而被垂直往上丟的球在不久之後就會落回地上，是因為受到地球的「重力」影響。當我們看到原本靜止的物體，明明沒有受任何力卻突然動了起來，就會忍不住想：「是鬼嗎？」這也是因為這個現象與我們在不知不覺中習以為常的慣性相違背的關係。

用慣性來解釋為何跑步時踢到小石子會跌倒就簡單多了。當我們正在跑步的腳尖勾到石頭的瞬間，石頭會因為受到外力而往前移動，而腳尖則會因為石頭給予的反作用力而停下來，但此時，我們的身體卻依然在持續往前，當兩處的運動狀態不同時，便會使我們跌倒。你可能會想說，既然慣性會讓我們跌倒，那如果沒有慣性該有多好？但事實上如果沒有慣性的話，我們可是連生活都會有很大的問題。光是要將衣服上的一顆灰塵撢下來可能都無法做到。我們平常透過拍打衣服就能將灰塵拍下，是因為當拍打衣服時，衣服雖然因受力而迅速移動，但此時灰塵卻依然保持靜止慣性，使其不得不在空中飄盪。若今天慣性消失了，這件事當然也就無法成立了。

慣性雖然是一種物理定律，但似乎也適用於精神層面。這邊要來講一個太空梭的故事。2007 年發射的奮進號太空梭，是從美國西部猶他州的一個農場，以火車運送到南部佛羅里達州的美國國家航空暨太空總署 (NASA) 發射臺的。雖然技術人員們想

把太空梭的推進器做得更大一點，但寬度卻必須限制在 1.5 公尺內，因為如此一來才能通過火車的隧道。

現今一般的火車軌道寬度均約為 1.435 公尺❶，而最初的火車軌道則是由馬車的軌道改建而成。馬車的軌道大約是在兩千多年前，羅馬軍隊為了配合自己的戰車寬度所製造的。那麼，羅馬軍隊到底是依什麼標準規劃馬車軌道的呢？答案是拉動馬車的兩匹馬之總臀寬。我想誰也不會預料到，兩匹馬屁股的寬度最終會演變成了太空梭的寬度限制。這種一旦開始依賴某種固定路徑，就算之後發現效率不彰，也已經很難脫離該路徑的情況，其實也可以說是一種精神上的慣性。這樣的傾向在心理學上被稱為「路徑依賴」。

史丹佛大學的保羅・大衛 (Paul A. David) 教授和威廉・亞瑟 (William B. Arthur) 教授也用電腦鍵盤的排列方式說明了這個現象。我們一般使用的，大部分都是在左上角由左至右依序排列著 QWERTY 鍵的鍵盤。但這其實是在使用手動打字機的年代，為了避免打字時造成鍵盤連動桿相互擠壓，刻意降低打字速度而設計的。但在這之後，就算打字機鍵盤曾經改為更有效率的按鍵配置，人們卻因為已經習慣了以前這種效率不彰的鍵盤，而拒絕使用新的鍵盤。

---

❶ 1.435 公尺為現行的標準軌距，由國際鐵路聯盟於 1937 年制定，又稱國際軌距。

　　話題扯遠了。我們可以說慣性會造成人們跌倒，但跌倒的原因卻不能只歸因於慣性而已。我想，我姊之所以會跑一跑就自己跌倒，不管怎麼說，最大的原因應該還是跟天生沒有運動細胞，還有她虛弱的下肢有關吧！

　　想讓六歲的姪子瞭解慣性的原理有點困難，所以我不得已只跟他講了上面的理由。其實不只跑步，我真的不懂姊姊到底是怎麼通過人生中其餘的無數運動和體育技巧測驗。聽完我偷偷爆料的小祕密，姪子好像忘了自己是最後一名，不，是第三名的失落感，笑了老半天。我想，即使名次不理想，但光是在跑步過程中沒有受傷，就已經很值得滿足了。

在太空中端上一腳，
會發生什麼事？

那是很久以前，我在補習班教國中生自然時發生的事。其中有一個正靜靜聽我說明慣性定律的孩子，突然向我問道：「太空裡沒有摩擦力、沒有重力，也就是說只要開始運動就會永遠停不下來嗎？」「是啊，當然囉。」「那用腳踹人的話，那個人就會一直飛，飛超遠嗎？」「對啊，為什麼這樣問？」原來是提問的孩子在學校有個看不順眼的同學，所以想要把那個同學帶去太空，一腳踢得遠遠的，讓他飛到宇宙的盡頭。

雖然是個創意十足的想像，但我只能對那孩子說出掃興的實話：「在你把他踢飛的瞬間，你自己也會往後飛出去，然後就這樣永遠一直飛下去。不要忘了太空裡除了有慣性之外，也有反作用力耶！」

我們來想像一下。某天，一群外星人突然出現並且綁架了你，然後把你丟在一片「幾乎沒有摩擦力」的冰原正中央。接著，外星人對你說：「有辦法逃出這片冰原的話，我們就給你一顆比地球更美麗的行星，不僅如此，還會給你一艘太空船和一個超完美的另一半；但辦不到的話，我們就要把你帶回太空，一輩子做我們的奴隸。」

　　聽到這個考驗，你不禁碎碎唸著「這點小事有什麼難的」，接著自信十足地往前踏出右腳。不過，這是怎麼一回事啊！在右腳碰到冰面之前，左腳就不由自主地往後滑了。你小心翼翼地站起來，再慢慢嘗試著向前伸出右腳，但想要施力的瞬間，左腳又在同個位置向後滑了，而此時右腳則是往前滑出去。不管嘗試幾次，你都會發現自己完全沒有辦法前進，只是在同個地方不斷地交互滑動左右腳而已。外星人藉由你的動作，親眼見證了牛頓所發現的作用力與反作用力。

　　劃時代的科學巨匠艾薩克‧牛頓 (Issac Newton)，在他偉大的著作《自然哲學的數學原理》(*The Principia: Mathematical*

Principles of Natural Philosophy) 中，用數學證明了三大運動定律：當物體受到力作用時，會往被推的方向移動，而移動的加速度與推力成正比、與質量成反比──「加速度定律」；運動中的物體在受到其他力作用之前，會沿其運動方向以一定速度持續運動──「慣性定律」；對物體施加任何作用力時，都會出現與其大小相同、方向相反的反作用力──「作用力與反作用力定律」。

眾所皆知，牛頓是個奇怪的人。比爾·布萊森所著的《萬物簡史》中，就描述了牛頓不尋常的個性，以及他跟周圍科學家們互動的故事。他雖然聰明得讓人難以置信，卻很喜歡獨自一人待著；他曾經迷上把縫製皮革的長針戳進眼球和蝶骨隱窩間旋轉；還試過死命直視太陽，直到受不了為止。據說後面兩個怪異舉動，都是因為好奇如此一來自己的眼睛會發生什麼事才這樣做。

刺激行為如此怪異的牛頓寫下《自然哲學的數學原理》的人，是天文學家愛德蒙·哈雷 (Edmond Halley)，也就是發現哈雷彗星的那個哈雷。哈雷雖然發現了行星們是沿著橢圓形的傾斜軌道運行，卻不知道箇中原由，於是他便跑去請教當時身為劍橋大學教授的牛頓。在討論的途中，哈雷向牛頓問道：「萬一太陽的引力跟距離的平方成反比，那行星的軌道會變成什麼樣子呢？」而牛頓馬上回答：「會變成橢圓形。」哈雷追問他：「是怎麼知道的？」而牛頓則一臉疑惑地反問：「您怎麼這樣問呢？當然是透過計算得到的答案啊！」

雖然哈雷當下就表示想看看計算的過程與結果，牛頓卻沒辦法在成堆的論文裡面立刻找到計算資料，但實在敵不過哈雷的窮追猛打，牛頓便跟他約定好下次會給他看計算的過程。在這之後的兩年間，牛頓便沉浸在這項議題的研究之中，最後完成了這本曠世巨作——《自然哲學的數學原理》。這本書以數學的方式對天體軌道進行分析，並初次介紹了促使天體運行的作用力——重力的概念。這本書完美地解釋了當時人們存疑已久、關於宇宙的所有概念，是有如燈塔在黑暗中指引方向般的一本著作。

　　那麼現在再回到外星人的綁架事件。這些綁架你的外星人，應該是從不適用牛頓運動定律的遙遠銀河飛過來，因此才會想透過把你放在冰原上來親眼確認作用力與反作用力吧？雖然你竭盡全力想要走過冰原，但很可惜冰面上沒有摩擦力，在你想走路而對其中一隻腳施力的瞬間，你的身體就會產生「大小相同、方向相反的反作用力」，使另一側的腳往外滑出去。同樣地，用爬的當然也爬不出去。那到底該怎麼樣才能移動到冰原的邊緣呢？

　　這時候，你可以翻找口袋尋找道具，若找不到的話也可以乾脆把鞋子和衣服脫下來使用。其實只要將找到的道具往你想前進方向的「相反方向」全力丟出去，便會有一個和物體飛行方向相反的力量作用回自己身上。既然地面沒有摩擦力，那大概只要丟一次，就可以一口氣滑到冰原的邊緣。

陰天總是鬱悶，
真的只是心情的問題嗎？

　　在高中的自習課時，一位平常話不多、個性沉穩的隔壁同學看著窗外喃喃自語：「這種陰暗又起風的天氣，好想出去走走喔！」接著她突然轉頭看向我問說：「要一起出去嗎？」什麼！我用力搖了搖頭。在颳著大風、烏雲滿天的日子，一般人都忍不住想要取消原本的約了，誰會想要出門啊！但我同學卻一副比任何時候都還興奮的表情，期待地看著我。當然，她最終還是沒那麼大膽敢躲開老師們的監視，冒著被罵的風險踏出教室。只不過在自習課時，一直望著通往校門的寬敞大路，無比嚮往而已。

　　在那之前，我一直以為每個人都喜歡晴朗的天氣。那是當然的！沒有雲的話便不會下雨，那就不用帶傘，也不用擔心鞋子會溼掉或頭髮被風吹亂，更不用取消遠足的計畫了。更重要的是，晴天時整個世界都會籠罩在陽光之下，就會讓人莫名覺得心情愉快起來。

　　但事實上，世界是沒有「莫名」的事情。陽光除了能使我們身體製造出維生素 D 以外，也能使血清素的分泌量增加，如此一來便會帶來幸福感；而此時，帶來倦意的褪黑激素分泌量則會減少。這也就是為什麼我們不需要特別努力，只要把身體交給陽

光，就能讓心情變好的原因。天氣對心情的影響不只有這個例子，在沒有陽光、陰雲滿天的時候，環境的氣壓也會變低，而我們的身體會敏銳地感受到氣壓的變化，使心情陰鬱起來。

在氣壓高時，氣體的體積會受到壓縮而變小；相對地，在氣壓低時，氣體體積則會增加，這種現象被稱為波以耳定律（Boyle's law）。當開車爬到山坡上，或者坐飛機的時候之所以會耳鳴，就是因為隨著海拔爬升得愈高，氣壓便會愈低，使得耳內的空氣產生膨脹所造成。這時只要吞一口口水，就能讓耳內和耳外的氣壓平衡，耳鳴也就消失了。除了耳鳴外，這些時候也常發生頭痛或臉部疼痛的情況，這是因為臉部屬於空氣較多的部位，此時不妨試著回想一下波以耳定律，一邊輕柔地按摩臉部，應該就可以有效舒緩疼痛和煩躁的心情了。不過，要是因氣壓變化使得剛縫合不久的手術傷口感到一陣陣的抽痛，又該怎麼辦呢？這恐怕只能等到降落後，氣壓變高才能解決了。

其實不用特地開車上山或飛到天上，在雲層很厚的陰天，氣壓就會比平常更低一點，根據波以耳定律，體內的空氣也會因而膨脹。當關節組織內的空氣膨脹後便會包覆兩側骨頭，並刺激其中的神經使人產生疼痛感。這就是為什麼下雨前，膝蓋、腳踝或腰會感到痠痛的原因。

可以這麼說：我們的全身幾乎都會受到氣壓的影響，不僅生理如此，心理亦然。所以在陰天或下雨的日子，大部分的人心情

都會鬱悶起來。這種時候待在家裡吃好吃的東西、徹底休息是最好的，但要每次都這麼做並不是件容易的事。不過，只要瞭解天氣和我們身體的關係，我想對於要順利度過那段時間應該也是有幫助的。

二十多年前，在某個心情不好的夏日午後，二十歲的我正在路上走著。那天的天空堆滿了梅雨季的厚重烏雲，好像在跟我說話一樣。那些雲朵彷彿在告訴我：不是只有我會感到低落，任誰都有疲憊的時候，但別忘了，雲的後面依舊有太陽閃耀著。在我血清素下降，不得不面對自己內心憂鬱的那天，我又想起了高中坐在我隔壁的那位同學。

我重新領悟到：世界上有喜歡晴天的人，當然也會有喜歡陰天的人這件事。那天傍晚，我把這個故事告訴了姊姊，沒想到姊姊驚訝地說：「心情居然會因為天氣而改變喔？太奇怪了吧，我從來都沒有被天氣影響過心情耶！」呃，看來世界上總共有三種人：晴天時心情會變好的人、喜歡陰天的人，還有根本不在意天氣的人！

浮力，讓我們天生擅長游泳的力量

我以前一直覺得自己可能不太會游泳。之所以會有這樣的念頭，是因為在小學低年級時聽到班導師說：「因為黑人跟我們是不同的人種，所以他們無法浮在水上，這就是為什麼游泳選手都沒有黑人。」

我和大多數的鄉下小孩一樣，從小一張臉就黑黝黝的。國中一年級轉學到仁川的時候，還被人家取了「非洲沈小姊」的綽號，再加上我還有自然捲，這讓我還曾經想過，搞不好比起黃種人，我更接近黑人也說不定。雖然現在回想起來覺得很荒謬，但小時候就是會有一些莫名其妙的念頭。

三十歲之後跟朋友們去海邊玩時，看到朋友帥氣的泳姿讓我羨慕不已，於是便跑去問他：「要怎樣才可以游得那麼好呢？」他回答道：「誰都學得會啊。妳也試一次看看吧！」接著，他建議我先潛下去試試，只要預先知道水有多深，就不會那麼怕水了，這樣才有辦法學會游泳。

我雖然很害怕，但還是決定先相信他說的話。先從結論說起，他所言不假，我原本的想法根本只是一種偏見。不，應該說是從前班導師深植我心的話是錯的——黑人無法浮在水上這個論

點根本毫無根據。黑人游泳選手之所以會比較少，不過只是因為黑人受到種族歧視，害他們沒有機會下水比賽而已。事實上他們雖然因為身體肌肉量較多，或者骨頭較重，在受到相同浮力的情況下，身體可能會比我們略沉而已，但並不是浮不起來。至於這箇中的差異，與其牽扯各膚色族群的差異，在個人之間的差異反而更大。所以說，世界上的所有人，絕對都可以浮在水上。

　　我之所以可以這麼有自信地說出任何人都浮得起來這個結論，是因為人體的密度比水的密度還要小。密度指的是組成物質的粒子之間，連結有多緊密的意思。只要想像一下等質量砂糖和棉花糖的體積差異，就很容易理解了。質量相同時，棉花糖的體積會比砂糖來得大上許多，這是因為組成砂糖的粒子之間結合得遠比棉花糖的粒子更加緊密，這就代表著「砂糖的密度比棉花糖的密度大」。從上述例子我們可以反推，若固定的項目改為體積時，則密度較高之物質的質量就會比較大。

　　身體會浮在水上這件事，光用密度還不足以完全說明，因為還牽涉到一種稱為「浮力」的作用力。在液體中放進某樣物體時，重力會將物體向下拉扯，使其往下沉，此時液體中就會出現一個反方向的作用力將物體往外推，彷彿不希望有東西進來一樣，而這股與重力反方向、將物體朝天空方向推出的力量，就被稱為「浮力」。

　　物體在液體中的浮與沉其實是由所受重力與浮力之大小來決定。當物體受到的往下拉重力比往上推浮力大時，便會沉入水中；相反地，如果所受浮力等於重力，物體便會浮在水上❶。浮力會受到物體浸在液體中的體積影響，而重力則與物體質量密不可分。總結來說，密度就是影響物體浮沉程度最關鍵的因素。

　　密度的基準是液態的水，但事實上液體密度會依溫度不同而產生些微差異，為了統一密度的基準，科學上便將 4 ℃ 水的密度定義為 1 公克／毫升❷。人體的平均密度為 0.97，雖僅與水差了 0.03 而已，但已足夠使我們能浮在水上。肺因為含有許多空氣，為人體內受浮力影響最大的部位，但我們身體的重心卻是位在肚臍附近，使得往上推的浮力作用位置和向下拉的重力作用位置（重心）稍微錯開了，這也就是為何在水中只要稍微失去平衡，身體就很容易傾斜，導致嗆到水或手腳胡亂掙扎的原因。

　　我相信很多人都是因為鹹鹹的海水灌進口鼻而不禁感到畏懼，才會放棄學游泳，其實我也是這樣。但那天朋友教我的方法有點不太一樣。他教我以頭向後仰、胸口往前推、腳向空中抬起的方式向後躺下，並盡可能將身體力量放空、腳盡量伸直，使重

❶ 在物體於水中開始上浮時，受力為浮力＞重力；當物體浮於水面上時，則受力為浮力＝重力。

❷ 密度指的是每單位體積中的質量，公式為：密度＝質量／體積。也就是說，當物質體積相同時，則會由其質量決定密度大小。

心和肺呈一直線，才能找到平衡。這是一個可以最大限度利用肺浮力的姿勢。雖然朋友就在一旁扶著我的身體，但我一開始很緊張，試躺了幾次都馬上就手忙腳亂地起身。但在最後一次，我終於成功浮起來了！那真是一個神奇的經驗。我一時興奮，便到處向同行的人傳授這個方法。

那天的海邊，大概有十五個人都像這樣漂浮在海上。大家都是從小就被水嚇大的人，因此剛開始時，嘴上會不停說著「我漂不起來啦」，但嘗試過後，我們都一起躺在了水面上，仰望著天空和白雲，閉上眼睛聆聽耳邊傳來的陣陣波濤聲，享受了一段寧靜無比、不可思議的時光。

讓風箏飛得很好的原理

某個冬日,我和弟弟在家前面的空地放風箏,下班回家的爸爸從腳踏車上下來,要我們把風箏的線輪給他。原本只在 10 公尺左右高度打轉的風箏,在爸爸一收一放之間飛到了很高的地方。此時的天色已經暗下來,高空中的風箏變得隱隱約約、快看不見了,但我跟弟弟依然呆呆地望著逐漸縮小的風箏。

仔細想想,靠著一根細細的線,就能讓沉重又巨大的風箏飛上高空,真的就像魔法般不可思議。照理來說,飄在空中的物體最後必定會因為重力的影響,向下墜落才對,然而,地球並不是只有重力法則,像放風箏這個活動,主要就會受到其他兩種原理影響,其中之一就是白努利定理 (Bernoulli's theorem)。

白努利定理可以解釋為「風的強度與壓力成反比」,即空氣流動迅速時,物體所受的壓力會降低;相對地,當空氣緩慢流動時,物體所受的壓力則會增大。比方說把吹風機的出風口對準天花板,並在上面放一個乒乓球,接著打開冷強風開關,乒乓球就會彷彿飄浮在空中般忽上忽下地浮動。

當吹風機吹出強風時,很多人以為乒乓球會往另一側掉落,但根據白努利定理,在吹出強風的那一側會形成低壓帶,而另外

一側則自然成為了高壓帶。由於空氣有從高壓往低壓移動的性質，因此受強風（低壓處）影響而欲移動到另一側的乒乓球，又會受到從高壓往低壓流動的空氣（風）之推力作用，而再次回到原位。當這兩個現象在乒乓球周圍同時發生時，便使得乒乓球不會掉下來，得以飄浮在空中。

飛機的飛行也同樣適用這個定理。飛機機翼的上方是圓弧狀，而下方則是平坦狀。跟呈直線的下方比起來，機翼上方的空氣流速更快，使得機翼下方會形成高壓帶，因而產生向上抬起機翼的力量。風箏也是一樣的，當風箏在空中被風吹成曲面時，於彎曲的背面側空氣流速較快，而另一側的空氣流速較慢，因而形成高壓帶，這時就會產生抬升風箏的力量，使風箏不會掉落。

想把風箏放得更高，還要再依靠另外一個原理的幫助才行。放風箏的成敗，取決於拉風箏線的力道與放線時的速度快慢。不可以只為了想把風箏放得更高一點，就一昧地把線放得太長，其實反而應該要拉緊才是。靠著冬天強勁的西北風飛起來的風箏，如果風箏線突然受到拉緊，就會使風箏產生更往高空飛去的反作用力，這就是牛頓第三運動定律——「作用力與反作用力定律」。

不過僅是放一只風箏，裡頭居然藏著這麼複雜的原理。只有小學學歷的爸爸，想必不是靠腦袋，而是靠指尖來理解這些原理。那天的爸爸把風箏放到幾乎看不見的高度（我可能說得誇張了一點）之後，就用牙齒把風箏線咬斷了。我和弟弟都嚇了一大

跳，而爸爸望著我們笑道：「風箏就是要這樣讓它飛走的啊！」
爸爸那略顯得意的表情，在經過了三十多年後的現在，依然讓我
記憶猶新。

　　等冬天再度來臨的時候，我想跟姪子們久違地放一次風箏。
不知道我能否像以前那個還年少的爸爸一樣，在姪子們面前帥氣
地弄斷風箏線呢？我想至少要為在天國的爸爸，久違地以這種方
式捎上一封信吧！

潛入深深的海底

盧・貝松 (Luc Paul Maurice Besson) 導演多年前的作品《碧海藍天》(*Le Grand Bleu*)，是部享有極高人氣的電影，我是在電影上映的十多年後，用錄影帶看的。電影內容是講述熱愛大海的兩個主角，為了潛得更深而展開競賽的故事。

好勝心強烈的其中一人硬是潛入了超越自我極限的深度，最後因此喪命。為這件事悲痛欲絕的另一位主角，也潛入了深不見底的大海中，而電影就結束在這裡。雖然那位葬身於深海的主角失去性命的主要原因是沒有用氧氣筒，但事實上就算有用氧氣筒，潛入深海之中仍然是很危險的事，這是因為水壓的緣故。

假如有個長、寬、高都各為 1 公尺且裝滿水的箱子，你有辦法空手抬起來嗎？其實就算是全身充滿肌肉的人也不可能抬得起來，畢竟這個箱子的重量高達 1000 公斤。人類可以抬得起來的重量上限，充其量就是自己體重的 2、3 倍左右。如果是體重達到 300 公斤、身高超高，且肌肉相當發達的人搞不好還有可能抬得起來，但一般人光是嘗試一下，就很有可能會用力過度而閃到腰，甚至因此被送到醫院也說不定。事實上潛水這個活動，就是要潛入如此沉重的水之中。

　　爬到海拔 1500 公尺的山頂上，我們的身體很可能還感受不到什麼氣壓的變化，但潛入水中就不一樣了。因為在相同體積下，水的重量比空氣重 1300 倍，所以從水面開始算起，每下降 10 公尺，水壓便會上升 1 大氣壓，也就是說若下潛 30 公尺，身體就須承受高達 3 大氣壓的水壓。對於在海水中下潛有著豐富經驗的海女們而言，就算不用什麼特殊裝備，也能潛到水深 20 公尺以下；但一般人如果不帶裝備，光要下潛到 10 公尺都很困難。雖然普遍認為只要有潛水裝備，要潛到水深 30 公尺是可行的，但要再更往下就很危險了，這是因為體內的氮氣會引發問題。

　　我們常會誤以為呼吸時是吸入氧氣、吐出二氧化碳，雖然這的確是事實，但並不完整。空氣中占最大比重的成分是氮氣，高達 78%，因此我們吸入和吐出的空氣，大部分也都是由氮氣組成，氧氣和二氧化碳只占其中一小部分而已。被我們吸入的氮氣進入肺部後，會停留在體內一段時間，才又藉由呼吸排出體外。

　　氣體的性質之一是在溫度低、壓力高的狀態下，容易溶入液體。這就是為什麼要把喝剩之可樂或汽水的蓋子蓋緊（高壓），再放進冰箱冷藏（低溫），以保持當中的二氧化碳溶解量。因為氣體的這個性質，潛入海中愈深，承受的水壓愈大，就會導致原本應該排出體外的氮氣溶入血液中。

　　萬一在氮氣溶進血液的狀態下，身體瞬間上升到水面附近的話，那些血液中的氮氣會怎麼樣呢？這個問題只要想像用力搖晃

碳酸飲料之後，再打開瓶蓋會發生什麼事就知道了。搖晃飲料時，會因為摩擦生熱使液體溫度升高，若在此狀態下打開瓶蓋又會使瓶內的壓力降低，如此一來，原本溶於液體中的二氧化碳就會分離出來，變成許多泡沫一口氣竄出，把周圍弄得一塌糊塗。

我們的身體也一樣，若壓力急速降低的話，氮氣就會從血液中分離而產生許多氣泡，這些氣泡會堵住血管，使原本需要透過血管運送的氧氣受阻，進而威脅到人們的性命。況且就算不會直接導致死亡，變成氣泡的氮氣也會蔓延至全身，導致身體各處出現強烈的疼痛，這種症狀稱為潛水夫病。那麼，潛入深海的人，要怎樣才能安全地回到海面上呢？

這個問題同樣可以在碳酸飲料上找到解答。回想一下當你接到一瓶劇烈搖晃過的碳酸飲料會怎麼處理？應該是慢慢轉開瓶蓋，讓壓力盡量一點一點慢慢降低吧！這個方法也適用於潛水員。若潛水員在深處停留了一段時間，就必須緩慢地上浮，讓溶於血液中的氮氣緩慢釋出，如此一來就可以避免潛水夫病的發生了。

其實潛水時所背的氧氣筒也暗藏著玄機。雖然名為氧氣筒，但氧氣筒裡並非灌滿了純氧，而是按照一般空氣中氧氣所占的比例灌入氧氣。不過，若單純使用一般空氣，所占比例最多的氮氣又會導致潛水夫病，因此氧氣筒中就會將氮氣所占的比例改以不易溶於血液的氦氣來填充。

　　韓國的第一例潛水夫病出現在 1960 年代，於美國紐約州立大學的洪碩基（音譯）教授對海女們展開醫學研究時所發生的。無須裝備就能潛入水深 10～20 公尺海水中採集各種海產的海女，是只有韓國和日本才有的特殊職業。而韓國和日本海女（あま，A-ma）最大的差別在於，濟州島海女在冬天也會下海作業。

　　在 1970 年代之前，由於橡膠潛水衣尚未發明，海女們跳進寒冬中的大海時，身上穿的僅是棉質泳衣。在這樣的環境中作業，使她們對寒冷海水的適應力愈來愈強，據說在相同溫度條件下，她們的體感溫度跟一般人比起來足足低了 4 ℃。不過這項差異到了 1980 年代以後就幾乎消失了。

　　根據研究指出，海女的潛水深度平均在 10 公尺上下，最長閉氣時間可達 2 分鐘以上，甚至還有潛入到深度 16 公尺左右的紀錄。但這些海女們也非天生就具有這些特殊的體質，她們只是為了生計而無數次跳進冰冷的大海之中，並在這當中逐漸鍛鍊出這項能力罷了。一般來說，要花三十年以上的時間，才能練成下潛 13 公尺左右的能力。

　　然而海女們所面臨的健康損害並不只有潛水夫病，據說大部分海女都患有頭痛、聽力損傷、中耳炎、腸胃功能障礙等各種疾病。可是，她們也沒辦法向大海請求職災給付，只能獨自承受這些職業傷害。把身體交給無情的大自然，只為延續人生的海女們，我只能在此以文字對她們表示崇敬之意。

媽媽醃的泡菜那麼好吃的原因

　　雖然已經獨自生活了將近二十年，但我吃的泡菜大部分都還是出自媽媽的雙手。儘管我也好幾次嘗試自己醃泡菜，但醃漬大白菜真不是件簡單的事，總是因為怕太鹹就少放了點鹽，結果泡菜馬上便軟掉了。倒掉幾次精心醃製的泡菜之後，我就乾脆放棄了。之後每當媽媽要醃泡菜的那天，我就會回去幫一些小忙，然後帶一桶泡菜回家。

　　醃白菜是一個很適合拿來理解滲透作用的例子。當媽媽正往白菜葉撒上一個拳頭大小份量的鹽時，我悄聲問她：「為什麼要把鹽撒在白菜上啊？」「白菜要入味才能變成泡菜啊！」媽媽用一副「怎麼會連這都不知道」的嫌棄表情看了我一眼。於是我又問：「撒鹽之後白菜會變成怎樣？」媽媽立刻回答：「白菜會出水啊，鹹度要入味到白菜裡，味道才會對。」哇，看來媽媽也很瞭解滲透作用呢！

　　滲透作用是「水」移動的一種現象。當然，水也可以替換為油或酒，這邊指的是用以溶解某種東西的物質（溶劑），從一側移動到另一側的現象。換句話說，鹽有沒有滲進白菜中並不是那麼重要，重點在於白菜裡面「水」的移動。溶劑會由溶質濃度低

的一側往溶質濃度高的一側移動，這個現象稱為滲透作用。當在白菜上撒鹽時，會讓白菜的外層變鹹（高濃度），但內層依然保持原本的濃度（低濃度），於是白菜中的水分就會向外排出。

可能有人會問：「這過程不就是把鹽和水混在一起而已嗎？」我們不妨來做個實驗證明，過程不只是單純的將兩者混在一起而已。這個實驗只需要馬鈴薯、砂糖、杯子和水就可以了。

首先把馬鈴薯切半並把內部挖空，接著在挖空的馬鈴薯裡加入半勺砂糖。下一步是在一個能放入馬鈴薯的杯子中倒一點水，水量大概需要到能將半個馬鈴薯浸在水中，再把馬鈴薯放入杯中，此時須小心不要讓水跑進有砂糖的區域，然後靜置幾個小時。

結果會發生什麼事呢？我們得分別檢視一下砂糖、馬鈴薯和水的情況。首先，濃度最高的地方是砂糖，馬鈴薯裡的水分會往砂糖側流出，而這些水就會使砂糖溶化。既然馬鈴薯中的水分已經流出，跟杯子裡的水比起來，馬鈴薯就變成高濃度的區域了，所以這次換成杯子裡的水會滲進馬鈴薯內部。接著會反覆進行杯子的水往馬鈴薯移動，而馬鈴薯中的水分再往砂糖移動的過程後，最終就會導致挖空的馬鈴薯中的空間積滿了糖水。

之所以用砂糖進行實驗而非鹽的原因，是因為砂糖的分子比鹽分子大上許多，所以沒有辦法滲入馬鈴薯之中，因此實驗後除了中空部分的糖水外，馬鈴薯本身並不會有任何甜味，如此一來就能夠證明，這個反應過程並不是單純的將兩物質互相混合。

　　讓我們再次把注意力放回馬鈴薯身上。水或鹽雖然可以滲進馬鈴薯當中，但分子很大的砂糖卻沒辦法，像這樣可以選擇性讓某些成分通過、某些成分則無法通過的膜，就稱為「半透膜（或差異性透膜）」。「中間隔著半透膜時，溶劑會由低溶質濃度往高溶質濃度移動的現象」，就是對滲透作用最精確的解釋。自然界中植物的根部吸水，也是透過滲透作用來進行。

　　滲透的概念對於理解生物學至關重要。生物是由細胞所組成，而細胞則被細胞膜包覆著，這層細胞膜正是所謂的半透膜。小分子的物質們和水能夠在細胞膜之間移動，最基礎的原理就是滲透作用。但由於細胞是活的，作用機制當然不會這麼簡單。細胞們同時還必須仰賴許多更複雜、甚至是尚未被發現的種種機制，才能維持正常的運作。

　　口渴時不能喝海水的原因，也可以用滲透作用來說明。要是喝了海水，海水的鹽分會被吸收至血液中，使血液變得比體內的細胞還鹹，如此一來細胞中的水分便會跑到血液中，而這些水最終就會聚集到膀胱……於是就會發生因為缺水喝了海水，卻反而讓體內的水排出來，最後導致身體因脫水而失去性命的情況。

　　只讀過小學的媽媽大概一輩子都沒學過滲透作用這種東西，但跟一字一句詳細說明滲透作用的我比起來，媽媽醃的泡菜美味多了，我完全跟不上她的手藝。所謂的學習究竟是什麼呢？我不禁又開始思考腦中的知識究竟有何用處了。

Part **5**

我們都正
共同生存著

三花貓的祕密

　　我跟我家的貓——咪咪已經一起生活滿二年了。貓的平均壽命大約是十六年，而人類則大概是八十歲，也就是說，咪咪的一歲大概等於人類的五歲。雖然我可能沒辦法為咪咪比人類快了5倍的「貓生」做什麼偉大的事情，但至少在面對一個生命的責任感，我絕不想落於人後。所以只要關於貓的大小事，我都會睜大雙眼、豎起耳朵認真瞭解。

　　從貓跟狗喜好不一樣，不喜歡被摸肚子的基礎資訊，到貓的舌頭幾乎無法感覺到甜味的這種奇特內容，每一個知識對我而言都有趣而神祕。貓對於甜味的感覺很薄弱，是因為牠們天生缺乏部分關於感知甜味的基因，至於為何會演化成這樣，是因為牠們不太需要攝取具有甜味的營養成分。對貓而言，老鼠等小型動物是牠們的主食，只要死掉的小動物腸胃中還殘留一點未消化完全的穀類，貓就能攝取到必要的碳水化合物。

　　關於貓還有另一個讓人很感興趣的小知識。貓的花色種類裡有一種叫做「三花貓」，三花就是指牠們的身體花紋是由白色、橘黃色、黑色三種顏色交互組成。舉凡看到這種花色的貓就不需要特別確認牠們的性別了，因為一定是雌性。為什麼呢？

　　我們的身體是由無數細胞所組成的。大多數的細胞均有著細胞核，而細胞核中有著細絲狀的染色質，當細胞要進行分裂時，染色質便會緊密纏繞在一起，形成短棒狀的染色體。你可以把染色質想像成毛線，而染色體就是纏繞成一團的毛線團。染色質是由 DNA 纏繞在蛋白質上所形成，而在 DNA 中就裝載著這個生命的所有遺傳資訊，像是我的頭髮是非常黑的自然捲、眼睛有著很深的雙眼皮、肩膀很窄、個子很小等，都是徹底依照父母遺傳給我的 DNA 發育而來。可以說，我之所以會跟別人長得不一樣，甚至是之所以為人而不是貓，都是因為 DNA 的關係。

　　貓咪的毛色和花紋，是依據九個基因來決定的。在韓國，我們常見的街貓大部分都是屬於「韓國短毛貓 (Korean Short Hair Cat)」這個品種，可簡稱為「韓短」。韓短有白色、橘黃色、黑色三種顏色的毛，根據貓的花紋顏色分布不同，還有 "All black"、「乳牛」、「起司」等的花色代稱。All black 代表著全黑的貓、乳牛是白底上有黑色斑點的貓、起司則是有著橘黃毛色的貓，另外還有白色身體上有著鯖魚花紋的「鯖魚 Tabby（棕色虎斑）」等，種類非常多。這些花紋都是視細胞所攜帶的為哪一種花色基因來決定。

　　貓的毛色是黑、是橘，是由性染色體中的 X 染色體上的基因來決定。一個 X 染色體上只能帶有黑或橘其中之一的基因，由於雌貓具有兩個 X 染色體，而雄貓只有一個，因此雌貓身上

可以同時出現黑、橘兩種毛色，但雄貓卻不可能。那麼白色又是怎麼回事呢？嚴格來說，白色並不屬於毛色的一種。雖然在水彩中有白色這種顏色，但從自然界的角度來看，白色大部分是意味著「沒有顏色」。就像百合花之所以是白的，並不是具有白色色素，而是因為沒有其他任何顏色的色素，才會如此潔白。如果貓身上有任一部位沒有任何毛色基因發揮作用，那麼就會呈現出純白的毛色。

事實上「三花貓全都是雌性」這句話僅可以說 99% 正確，並不是 100%，生物界總是有突變這項因素存在著。雖然是少數，但自然界中也還是存在有三花雄貓，而且有些三花雄貓甚至天生就具有雙性的性器官。這樣的突變看似反常，卻也是順應自然、極其正常的現象。在對生物而言絕不算親切的地球環境中，同種個體之間彼此具有愈高的多樣性，便愈不容易滅絕，生存下來的機率也會愈大。

會把「多樣性」視為「不正常」的，就只有人類。不，是只有「某些人類」罷了。

魚真的感受不到痛覺嗎？

有一次我請老公吃大餐，因為我老公愛吃生魚片的程度，就跟我酷愛吃炸雞一樣，於是我們決定久違地前往蘇萊浦口❶吃生魚片。雖然不確定是出於我的偽善還是罪惡感，但我每次看見水槽裡鰓一開一合的魚兒們，就會覺得很對不起牠們。

我老公從中挑了一隻比目魚，很快地，牠就變成了一堆失去生命氣息的白色肉片，被盛在盤子裡端了上來。「每次吃生魚片時都會覺得，人類好像真的滿殘忍的耶。」老公卻用一副什麼也沒在想的表情回答我：「沒關係啊，聽說魚不會痛。」接著，繼續專注地吃著生魚片。

我也有聽過這個說法。聽說除了魚之外，小章魚或魷魚也都感受不到痛覺。至於為何小章魚的腳被刀切斷之後還會到處扭動、吸附東西，並不是因為感到痛，那只不過是一種反射作用而已。但事實真的是這樣嗎？

其實關於魚到底能否感受到痛覺，科學家們仍然持續在爭論之中。主張沒有痛覺那一方最大的根據是來自魚類的腦中沒有新

---

❶ 仁川廣域市蘇萊浦口綜合魚市場。

皮質 (neocortex)。新皮質就是大腦最外層有皺褶的部分，可分為額葉、顳葉、枕葉和頂葉，能夠將並非源自本能，而是必須透過經驗學習的事情記憶下來，並針對這些記憶做出判斷，再分門別類予以儲存。人類的「意識」可以說就是由新皮質促成的，萬一沒有新皮質，就不存在所謂的意識了。

不過，把人類和魚類的大腦一對一做比較，其實也不恰當，因為每種類型的生物本身大腦的構造就不一樣。就像鳥類雖然也沒有新皮質，但仍然能做出有意識的舉動。牠們不僅會製作道具、記住數千個物體的埋藏地點，也具有依據顏色分辨事物的能力，甚至還會開玩笑。由這個例子就可以證明，依照是否具有新皮質來斷定有沒有痛覺是不合理的。

人們對魚還有另一個誤會。喜歡釣魚的人總是口徑一致地說，魚的腦袋不好，如果釣上來的魚太小，或不適合食用而被放生的話，聽說不久之後牠們又會再次咬餌上鉤，因此有人嘲笑說這就是「三秒記憶力」，但這同樣是一種錯誤的認知。喬納森‧巴爾科姆 (Jonathan Balcombe) 在著作《魚什麼都知道》(*What a Fish Know: The Inner Lives of Our Underwater Cousis*) 中寫到，事實與漁夫之間的傳言正好相反，魚兒們不僅並非只有「三秒記憶」，反而還有「魚鉤恐懼症」。根據幾項研究顯示，被魚鉤和釣魚線釣上來的魚，需要相當長的時間才能恢復正常的活動。據說大口黑鱸的魚鉤恐懼症會持續長達六個月以上，而鯉魚或白斑

狗魚的持續時間甚至超過三年。既然如此，那些魚兒重新咬住同一個魚餌的情況，又該怎麼說明呢？這本書的作者猜想，大概是因為那些魚正處於極為飢餓的狀態，使得強烈的食慾凌駕了痛苦的陰影。

還有另一項能更直接證明魚類具有痛覺的研究。由於魚類若感受到壓力時，便會增加嘴巴開閉的次數，此項研究依據這個習性將鱒魚分成兩組，並使所有的鱒魚均受到同樣的環境壓力，但不同的是，實驗組會額外往鱒魚的嘴巴注射蜂毒和醋，或者用針扎刺鱒魚；而對照組則不會進行這些刺激。接著透過測量兩組鱒魚嘴巴的開閉次數，就能夠確認鱒魚是否會感受到疼痛。在研究過程中，雖然所有鱒魚都受到了壓力，但被注射蜂毒和醋的鱒魚開閉嘴巴的次數，幾乎是對照組的二倍，甚至超過三個小時以上都對食物不感興趣。但在餵予給牠們具鎮痛效果的嗎啡之後，牠們又彷彿沒發生任何事一樣回復平常的動作。依結果看來，嗎啡對鱒魚而言也是有效的，這就間接證明了魚類是有痛覺的。

魚類生存的環境與人類完全不同，牠們對於刺激的反應和向世界表達的方式，也和人類不一樣。必須生存在空氣中的陸生生物，大多是以聲音來表達情緒與意志，這是因為空氣可以快速傳達聲音；而住在水中的生物則不會尖叫，因為跟發出聲音所需消耗的能量比起來，在水中傳達聲音所得到的效果實在不太划算。假如魚類被切下頭或尾巴時會發出「呃啊」或「呱」的聲音，或

者牠們好歹會眨個眼睛的話，也許我們就不會誤以為牠們沒有痛覺了。

　　哎呀，雖然說是這樣說，但也不可能以後都不吃魚了，這種時候秉持不知者無罪的想法可能還比較好，我忍不住這樣想。在舉著筷子卻下不了手的我面前，什麼都沒想而能夠大口嚼著生魚片的老公，今天特別令人羨慕。

鷹眼與狗眼

　　如果有讀者願意持續閱讀自己寫的文章，寫文章的人一定會感到很開心，「就算只有一位觀眾，也要登上舞臺」這句話，可不是舞臺劇演員的專利。在資訊氾濫的汪洋之中，我寫的文章要被某個人閱讀，似乎不是件容易的事，但若從這點看來，我很幸福，因為我有一個熱情的讀者，只要是我寫的文章，他都會二話不說找來看看。有時候見到那位讀者，甚至還會被問這次要寫什麼文章。有一次我抱著誠惶誠恐的心情告訴他：「要寫跟眼睛有關的文章。」聽了我的話，他突然跑到書架前抽起一本書，並以期待的語氣央求我說：「這本書上寫說，狗狗只能看見黑白的顏色。那下次要不要寫關於動物眼睛的文章呢？」

　　那個讀者就是現在就讀國小一年級，我可愛的姪子。聽到熱情讀者的建議，我自然二話不說就欣然接受了。首先，就像姪子說的一樣，狗只能分辨明暗。動物的眼睛中具有兩種細胞，分別為可分辨明暗的視桿細胞和可感知顏色的視錐細胞。狗的眼睛具有很多視桿細胞，但視錐細胞卻非常少，因此僅能分辨明暗。事實上不只是狗，除了人類、類人猿和猿猴以外的哺乳類動物大部分皆是如此。

　　哺乳類在演化過程中，有部分發展成了主要在夜晚活動的夜行性動物。由於晚上沒有光、看不見顏色，因此比起對於生存沒那麼重要的視錐細胞，這些哺乳類演化出了只讓在黑暗中僅需憑藉些微的光線就能區分事物的視桿細胞較為發達的特徵。

　　也有其他種類動物的眼睛正好是完全相反的。可以敏銳且正確地分析周圍狀況，並徹底掌握情況的人，經常被我們稱為「鷹眼」。實際上，老鷹的視力也確實非常厲害。鳥類大部分都擁有占據臉部面積相當大比例的眼睛，而且視力非常好，尤其是肉食性鳥類，而其中的老鷹更是無可匹敵。

　　動物雙眼於臉部的位置，在演化過程中為了適應環境因而分化為兩種類型。雙眼位於臉部兩側的草食動物們獲得了相當寬廣的視野；而眼睛位在臉部正面的肉食動物雖然視野廣度較小，但卻能夠判斷距離的遠近。另外，眼睛中有一個生物體內最主要執行感應光源任務的部位叫做黃斑部，其功能的強弱是影響視覺靈敏度的關鍵。老鷹的一隻眼睛中具有兩個黃斑部，不僅能夠看得又遠又廣，而且再細微的動靜都能精準捕捉。再加上牠們的視覺細胞有人類的 5 倍之多，因此連遙遠的極小物體都能仔細確認。

　　屬於隼科的美國隼 (American Kestrel) 視力極佳，即使飛在 18 公尺的高空中也能看清楚 2 毫米的小蟲子。雖然這種等級完全足以被譽為鳥界的媽朋兒、媽朋女❶ 了，但老鷹也有個致命缺

---

❶ 韓國網路流行語「媽媽朋友的兒子」、「媽媽朋友的女兒」，別人家的小孩總是特別優秀，泛指表現優秀、天資聰穎的高材生或乖小孩。

點——牠們幾乎沒有視桿細胞，所以黑暗中幾乎看不見的東西。

還有一種動物擁有很有趣（？）的眼睛。青蛙的眼睛不會移動，只能一直凝視著某個固定的方向，更慘的是，牠們完全無法辨認不會動的物體，只能大概分辨出有東西從眼前經過的動靜。但別因為這樣就小看青蛙，牠們對於捕捉瞬間飛過的昆蟲可是非常拿手的。很多人工的裝置甚至都是仿照青蛙眼睛的原理而設計出來的，像是有人經過的時候會自動開啟的門與開啟玄關和走道的燈，或是計算汽車流量的光電感測器 ❷等。

站在人的角度去分析動物的感覺器官是不恰當的，因為每種動物都有各自的特異功能與生存方式。就像狗的視力雖然沒有人類好，但對於牠們的生活完全沒有任何不便，因為牠們不是靠視覺，而是用嗅覺掌握整個世界的。反觀我們人類，在逐漸轉為直立生活的同時，具有大量感覺器官的臉部也離地面愈來愈遠，不僅失去了絕大部分的嗅覺，可以看得很遠的視力也退化了。

在演化的觀點中，沒有什麼生物是更優越的，每種生物都只是各自適應了環境以生存下去而已。比起其他知識，我更希望姪子能牢牢記住這一點。

---

❷ 光電感測器可藉由接收到光訊號的改變來判斷是否有物體經過。其原理是，當有物體經過時，原本儀器所感測到的光訊號會因為受到物體的反射而改變，而這個改變就會被轉變為電訊號記錄下來。

肚子裡的危險同居人

～～～～～～～～～～～～～～ ○

　　那是我高中時的事了。某天，坐在我後面的同學以一副陷入沉思的表情坐在位子上。那個同學平常就是個奇葩，總是以想要長高為理由，不管在什麼地方、時時刻刻都跳來跳去；在去郊遊的遊覽車上，她還對著麥克風吹口哨唱歌，瞬間把車上的氣氛弄得很像搞笑綜藝節目《大逃出》中的〈鬼哭山莊〉；還有一天，她吃了一個朋友買來的葡萄，不剝皮也不吐籽，只是一直往嘴裡塞，直到臉頰都快撐破了，才回到自己的位子上，拼命把皮和種子一一吐出來。但感覺她做出這些舉動既不是為了搞笑，也不是想出風頭，而是發自內心的舉動。

　　那一天，那個朋友沉思的表情格外嚴肅，她又在想什麼奇怪的事情呢？好奇的我便跑去問她，結果冷不防地被反問回來：「肚子裡的大腸桿菌和乳酸菌是什麼時候跑進去的呢？」我的表情也漸漸開始變得跟她一樣嚴肅──認真地與她討論：「對耶，小嬰兒在生長的時候，細菌應該不會一起被製造出來才對。」

　　如果當時可以跟朋友一起解開這個謎題一定很棒，但很可惜並沒有，而且也不記得在那之後有沒有再跟她討論過關於肚子裡的細菌這個話題了。不過每次快忘記這件事時，就又會想起這個

問題：「到底我肚子裡的大腸桿菌是從什麼時候開始在那裡的呢？」這個答案一直到我超過三十歲才得知。在我看的細菌紀錄片中，居然出現了關於腸中細菌的內容。先說結論，肚子裡的細菌在我出生的那一刻，就已經趁機進入我的體內了。

細菌們會為了製造適合自己生長的環境而釋出特殊物質，這些特殊物質若對人類的腸道有益，就屬於益菌；相反地，若會傷害我們的腸道健康，就被歸類為害菌。根據細菌組成不同，腸胃的機能也會不一樣。若用智慧型手機來比喻的話，細菌就像是應用程式般的存在。細菌一旦在體內落腳，就不太會輕易讓位，所以一開始要讓何種細菌存在於腸胃，對嬰兒而言是很重要的。

隨著出生時間愈來愈近，嬰兒出生須通過的產道內會分泌出屬於醣類的肝糖，然而吸收這些肝糖成長茁壯的不是嬰兒，而是細菌。細菌們會守在產道中，待嬰兒經過時，便會沾附在他們身上；有些種類的細菌則會經由寶寶的口腔進入內臟。這些進入嬰兒體內的細菌，待占據了最佳的位置後便會開始繁殖。在此時期進入的細菌中，最具代表性的是乳酸桿菌 (lactobacillus)❶和比菲德氏菌 (bifidus)❷。這些細菌可以讓體內環境維持合宜，幫助消化與排便。若腸道內這些細菌不夠時，還可能會引起腹瀉等問題。

---

❶ 是乳酸菌中最具代表性的一屬，多存在於泡菜、養樂多、起司等利用乳酸桿菌發酵的食品中。
❷ 住在腸道中的乳酸菌，有幫助腸道蠕動，促進免疫力形成的功用。

　　那麼，經由剖腹產出生的寶寶沒有經過產道又會如何呢？他們同樣一出生就會受到細菌的侵襲，但體內的細菌相與自然產寶寶是有很大差別的，只要檢查兩者的胎便，就一目瞭然了。在自然產寶寶的胎便中可以發現很多的益菌，而剖腹產寶寶的胎便中卻會發現含有為數不少的有害菌種。

　　你也許很難置信，人類的體重中大約有 1～3% 都是細菌所占的重量。不只如此，細菌等微生物的細胞個數，也與構成人體的體細胞數量差不多。雖然我們常會因為聽聞什麼疾病是由某某細菌造成的而認為細菌都是有害的，但其實這些種類只不過是細菌中的少數罷了。

　　雖然獲得這些知識純屬巧合，但在二十年後知道了當時那個問題的答案，我還是開心地打電話告訴那位朋友。在不久之前生了小孩的她，用一種「妳還真是什麼都記得啊」的感佩語氣說：「我居然會好奇那種事情？」接著她又說：「我辛辛苦苦自然分娩，值得了。其實我因為沒剖腹產被媽媽唸了好幾個月，她可能買了若進行剖腹產就能得到理賠的保險吧！」

　　我朋友的那種奇葩感究竟是從何而來，我現在好像知道了。

我們體內活著
超過 100 兆個細胞？

　　我有一陣子相當沉迷於鉤針編織，早上一睜開眼睛，手就往鉤針伸，接著就完全進入了不吃不喝的境界，也因為這樣總是不小心錯過吃飯時間，結果就意外地變成一天只吃一餐。我主要鉤的東西都是各種杯墊和小動物的玩偶，雖然線和針都是一樣的，但只要運用不同的織法就能鉤出身體、眼睛和耳朵，接著再將這些部位用線縫起來，就可以做出貓頭鷹、恐龍等小玩偶。這種感覺就好像正在一針一針製作出活著的生命，簡直就和我們體內的細胞在構築生命時所做的事一樣。

　　所有生命都是從一個細胞開始的。就像以相同的織法重複編織一樣，細胞同樣也會自行複製、增長，進而建構出生命。根據推算，成人的體內大約有 100 兆個以上的細胞。想在紙上用數字寫下 100 兆，還會稍微遲疑、思考一下，因為那是個後面足足有 14 個 0 的超長數字。要製造這麼多的細胞，感覺應該會花很多時間，但事實意外地並非如此。

　　生命最初的那個細胞只要經歷一次分裂，就會變成 2 個細胞，而 2 個又會變成 4 個，4 個再變成 8 個，8 個再變成 16 個，依此類推。照這樣算下來，1 個細胞開始分裂之後，只要經過 47

次分裂，就可以增長為 100 兆個相同的細胞。當然，這只是數據上的分析，我們體內的細胞種類多到難以估計，且各自的任務和壽命也都不一樣。從整體看來，雖然每天都有數十億個細胞死亡，但同樣也會有那麼多的新細胞被製造出來。不過由於每種細胞的細胞週期各異，因此以綜觀角度來看其實不是很恰當。

以味蕾細胞為例，我們剛出生時就擁有約 9000 個味蕾細胞，而這些細胞一直到我們死前，數量都不會增加。但這個總量其實是動態的守恆，根據估計，每個小時會有 37 個味蕾細胞死去，但同時也會有等量的細胞新生成。也就是說，味蕾細胞大約 10～14 天就會全部汰舊換新一次，所以不必擔心這些細胞會因為太年老而無法好好發揮功效。

若各位有機會觀察活著的細胞內部，大概會感慨這世界上居然會有這麼忙碌的地方。細胞整體充滿了活力，會不停地進行各種生化反應，沒有任何一個空間和片刻是靜止的。為了讓 100 兆個細胞好好活動，就需要充足的氧氣，而氧氣是靠血液來進行運輸，因此作為血液循環動力來源的心臟，每小時需要輸出高達 284 公升的血液。

我們就算只是靜靜躺著也會肚子餓，是因為我們即使不進行活動，體內仍有許多維持生命必需的生化反應在持續進行，而這些細胞內活動所需能量就源自於攝取的食物。說我們就是為了供細胞活動，才會進行攝食、睡眠等動作其實一點也不為過。

　　這些恣意消耗能量、忙碌辛勤的細胞們，會自動在正確的時機死亡；此外，有些無事可做的細胞也會自動死去，以減少能量的浪費。但是，有時卻會發生某些應該死去的細胞開始分裂、增加個數的情況，這些細胞就成為了所謂的癌細胞。其實只要我們的體內持續進行細胞分裂，癌細胞就有機會因為基因產生突變而出現。雖然有時候也會有致命的癌細胞被製造出來，但我們身體大多數時候都能成功抑制癌細胞的增生，不過這又是另外一種細胞的作用了，在此就不做贅述。健康這件事，終究就是製造健康的細胞，並繼續維持下去而已。

　　用鉤針編織的時候，偶爾會在中途發現有一針不小心鉤錯了，要是懶得解開想直接忽略，等全部織完之後，那個地方就會特別奇怪顯眼，這就好比細胞分裂過程中若出現錯誤卻沒有即時修復或抑制，就很容易成為日後影響健康的毒瘤。一針一針用心鉤出來的東西雖然在別人眼裡可能微不足道，卻為我帶來了充實的成就感。我漫長卻又短暫的人生，好像也正是這樣啊！在有盡到自己本分完成事情時，還有此時此刻，這些平凡的生活日常都讓我感到無比幸福。

它們看不見的殺手本能

　　不知是不是巧合？在懸浮微粒很嚴重的春天，我不過幾天沒有戴口罩出門，就出現了輕微的咳嗽。但除了咳嗽之外也沒有其他的症狀，所以我並沒有放在心上。春天不就是最適合出去玩的時候嗎？秉持著不可浪費良辰吉時的想法，在春暖花開的美麗春日裡，雖然不停咳嗽，我卻還是興高采烈地四處遊玩。

　　結果，我病倒了。雖然不是感冒但喉嚨很痛，而且還全身痠痛，去醫院檢查才得知是罹患了咽喉炎。咽喉是喉嚨的一部分，據說在說話和呼吸過程中都有著很重要的功能。為了治療咽喉炎，醫師開了幾種藥和抗生素給我服用。我平常一直認為，抗生素是種應該盡量少吃的東西。因為起初我的症狀就很像普通的感冒，到底該不該為了這種小病就吃抗生素呢？當時的我真的很煩惱。

　　抗生素很容易被認為是一種人工合成的藥品，但事實上它卻是一種原本就存在於大自然、由微生物所分泌的物質。約莫200年前，麻疹、霍亂、肺炎和痢疾都還是感染後就會致死的恐怖疾病，那時的人們並不知道為什麼會染上這些疾病，於是就將病因歸咎於空氣不好、上天的懲罰，或是被鬼魂纏身。直到1800年代，引起這些疾病流行的罪魁禍首才被發現，這一切都是由非常

微小、小到人類肉眼看不見，但確實存在的一群生物所造成的，也就是現今我們說的微生物。

人類發現最早的抗菌物質也是在微生物的存在被證實，並開始被積極研究之後的事。英國微生物學家亞歷山大‧弗萊明(Alexander Fleming) 對於在培養皿中培養微生物，以及尋找能抑制微生物生長的物質非常感興趣。因為他認為：只要能找到對人類無害，但卻能夠抑制有害微生物生長，並且原本就存在於自然中的物質，就能在沒有副作用的情況下治癒生病的人。

1928 年的夏天，弗萊明把沒有蓋上蓋子的金黃色葡萄球菌培養皿擺在桌上就休假去了。待休假回來之後，弗萊明原本打算將這個放置一段時間的培養皿清洗掉，但就在準備拿去洗手臺時，卻驚奇地發現培養皿中不知為何長了一群青色的黴菌，而且這些青色黴菌的周圍簡直像是被挖了空一樣，原本他所培養的金黃色葡萄球菌都消失了！弗萊明的直覺告訴他，這種青色黴菌一定分泌了某種物質，將那些金黃色葡萄球菌殺死了。最後他透過實驗找出了那種特殊的抗菌物質，並把這種出自於青黴菌的抗菌物質命名為「青黴素（penicillin，盤尼西林）」。

但這些青黴菌究竟是從何而來呢？怎麼會突然在培養皿上出現呢？原來當時弗萊明樓下的實驗室中，正好有一位專門研究黴菌的科學家前來拜訪，這是多麼驚人的巧合。多虧了樓下訪客身上所帶來的黴菌孢子飄落到了樓上的細菌培養皿中，才能讓現在

就算剖開肚子進行手術，也能使用抗生素避免術後感染，病人才得以康復；就算遇到霍亂、黑死病、痢疾等因細菌引起的傳染病也不用再害怕了。人類的生命和文明，竟是仰賴這麼一個小小的巧合而延續下去！這樣看來，所謂人類的存在，真的不過是宇宙間極小的一部分哪！

雖說抗生素是來自自然界中原本就存在的物質，但這並不代表它就是 100% 安全的。細菌從 30 億年前地球原始生物出現時就一直存活至今，而且到目前依然在地球各個角落都能找到它們的蹤跡，可見其適應力之強大。儘管目前抗生素能夠殺死特定的細菌們，但並不代表會永遠有效。對細菌而言，人類的身體也只不過是另一個棲息地而已，它們依然能夠發揮強大的適應能力，因此面對進入體內的抗生素，當然不會只是乖乖地挨揍。為了要抵擋抗生素的攻擊並從中存活下來，細菌們會懷抱復仇的夢想迅速展開變異產生抗藥性，也就是突變為抗藥菌。

我們的身體中其實時時刻刻都在上演著細菌們的戰爭，為了占據更寬敞的棲息地，各種細菌們會互相展開鬥爭。在我們身體健康時，其他的細菌會抑制抗藥菌勢力的增長，因此抗藥菌無法快速擴大族群，並對我們的健康造成傷害。但當抗生素進入我們身體之後，卻會造成問題——因為抗生素並不會區分益菌和害菌，而是全面通殺。當其他細菌因為沒有抗藥性而全被抗生素殺光時，具有抗藥性的抗藥菌就可以單獨占領我們的身體，此時就

需要使用另一種抗生素來壓制這些抗藥菌。但經過一段時間後，抗藥菌們又會對新的抗生素產生抗藥性，如此反覆幾次之後，這些抗藥菌們就會變成能抵禦所有抗生素的「超級細菌」。你可能會想說，那就用更新的抗生素來壓制它們不就好了嗎？但很可惜的是，新抗生素的研發速度終究還是跟不上抗藥菌變異的速度，這是個現今世界各國都相當擔憂的嚴重問題。

那麼不看醫生、不吃藥，就能避免自己體內出現「超級細菌」嗎？其實也不是這樣。因為市面上流通的豬肉、牛肉和雞肉中，據說也很可能有抗生素殘留。以惡劣的工廠式飼育法養殖的禽畜容易有免疫力低落的問題，一旦被細菌感染就不易恢復，因此有些不肖業者就會餵食這些禽畜抗生素，而牠們很有可能在抗生素還沒從體內排出的情況下，就上了我們的餐桌。韓國的禽畜抗生素使用量比歐洲多了 5～10 倍，而使用這些肉類製成的加工肉品，含有抗生素的風險也就相當地高。更嚴重的是，抗生素的用量在未來還可能繼續增加，因此吃肉的我們就可能在不知不覺中吃下更多的抗生素。

美國普林斯頓大學生態環境生物學系湯瑪士・博克爾 (Thomas Boeckel) 教授的研究小組在論文中指出：直至 2030 年，全世界禽畜抗生素的使用量將比目前高出 10 倍以上。而抗生素的用量之所以會增加，最大原因在於肉類需求量的增加與工廠式的飼育方式。然而這兩點是緊密相連的，要用接近自然、健康的

方式飼養出足以滿足人類食欲的禽畜量，從物理上來說，地球的土地是不夠的。若要滿足我們的口腹需求，就不得不縮減飼育面積。但在狹窄的空間飼養大量的動物，自然就會使牠們免疫力低下，一旦發生傳染病，甚至還有集體死亡的風險，因此也就不得不使用抗生素了。

無論如何，那天我乖乖吃了一顆抗生素，並且早早就上床睡覺了。當時我一心只想著，要讓喉嚨發炎的情況早點緩解，因此就先放下了顧慮。可是隔天早上，我就得了重感冒，發燒、咳嗽和流鼻水同時襲擊了我。不是啊，我連平常幾乎不吃的抗生素都吃了，怎麼還會這樣呢？想必是抗生素連我體內跟免疫力有關的好菌都一口氣剷除了，而感冒病毒就趁著免疫力變差的時候，在我體內大鬧了一場。病毒這種東西比細菌更為頑強，看來就連抗生素都對它們束手無策啊！

今天的午餐是「蟋蟀大餐」

　　手臂被晚風吹得發涼，我一邊讚嘆著火紅的晚霞，一邊走在回家的路上。就在經過商店街停車場角落，那長滿狗尾草和馬唐草的草叢時，聽見了讓人精神為之一振的聲音，那是彷彿小小的哨子所發出的清脆高音。啊！我瞬間感覺到秋天隨著這一聲蟋蟀的鳴叫一起到來了。

　　不曉得最近十幾、二十歲的年輕人有沒有聽過蟋蟀的叫聲？小時候只要是有草叢的地方，都能找得到蟋蟀。對於直到高中為止都住在住宅區的我而言，蟋蟀的叫聲不僅可以讓心情平靜下來，還是一種冥想音樂，能讓我聯想到繁星點點的秋季夜空。直到現在，這個聲音依然有著能安撫我充滿喧囂的心，並使自己歸於平靜的魔力。除了我之外，還有很多人都表示從蟋蟀的叫聲中能感受到平穩與安詳，因此蟋蟀也被稱為「感性的昆蟲」。除了蟋蟀之外，螢火蟲、糞金龜、鳳蝶和獨角仙也都屬於這種昆蟲。

　　蟋蟀在另外一種意義上也相當受到學界的注目，因為牠也是「未來的糧食」之一。目前韓國人對於食用昆蟲仍然充滿抗拒，但海外已經有高級餐廳將昆蟲製成料理進行販售，而且還相當受到歡迎。事實上昆蟲料理不僅在中國及部分周圍的亞洲國家受到

好評，在英國、法國、比利時及德國也同樣受到矚目，乾燥的昆蟲及昆蟲粉末等食材，在上述這些地方都可以很輕易地買到。據說加入昆蟲粉末做成的餅乾或漢堡肉排，味道也很不錯。

蟋蟀之所以會以未來糧食的名義受到矚目是有原因的，將牠跟牛肉一比就能輕鬆看出差異了。首先是營養成分，每 100 公克的牛肉只含有 20 公克的蛋白質，而且還含有對人體不好的飽和脂肪；相對地，同樣 100 公克的蟋蟀則含有 70 公克的蛋白質，以及大量對身體有益的不飽和脂肪、礦物質及維生素等。再以生產時所耗費的水量做比較，要獲得 100 公克的牛肉需花費 2200 公升的水；而要飼養出相同重量的蟋蟀則只需一滴水就夠了。

而就飼養的 CP 值來說，10 公斤的飼料僅能生產出 1 公斤的牛肉；若換成餵養蟋蟀的話，則能獲得高達 9 公斤的份量。這是因為蟋蟀是變溫動物，跟屬於恆溫動物的牛不同，牠們不需要耗費能量進行體溫的調節，因此將飼料轉換為體內蛋白質的效率就會高出許多。再加上飼育兩者所需要的土地面積，簡直難以相提並論：全世界約有 70% 的農地都是由畜牧業占據，但飼養蟋蟀所需要的面積則是微乎其微。總結上面兩點，從經濟層面來看，蟋蟀依舊獲得了壓倒性的勝利。

另外，飼養時會對環境造成多大的汙染，也是一項值得比較的點。牛從口腔、肛門所排出的二氧化碳和甲烷，皆是最具代表性的溫室氣體，事實上畜牧業所產生的溫室氣體，就占了總排放

量的 20%。若將這些飼養的牲畜改成蟋蟀的話，則所造成的溫室氣體排放量就能減為現在的 1%。

那麼，蟋蟀的味道到底如何呢？我看了一個節目是把黃斑黑蟋蟀炒過以後，請一些韓國的成年人試吃。一開始大家都很排斥，但試過一次之後，就會覺得不可思議的好吃。據說炒蟋蟀的味道跟蝦米很像，但腥味更少，而且更香脆好吃。那些人直到吃完一整盤炒蟋蟀之前，都沒有放下筷子。

在 2019 年，韓國農林畜產食品部修改了法律，將包括麵包蟲幼蟲、獨角仙幼蟲、白點花金龜幼蟲、蠶、黑翅螢、熊蜂在內的 14 種食用昆蟲認證為家畜。至於在上一段落提到，韓國常見的黃斑黑蟋蟀則是在 2016 年 3 月被認證為一般食品，也就是經過許可的食用昆蟲，但目前仍然尚未被認證為家畜。

其實光是攝取植物，我們就能獲得身體需要的所有養分，這已經是眾所皆知的常識了。但由於我們的日常生活太過忙亂，使得要充分攝取來自各種蔬菜和穀物的所有養分是件很困難的事，因此我們才需要透過肉類來補充部分較難從植物攝取到的成分。

生產牛肉不僅破壞環境，且營養成分還比蟋蟀少，價格又昂貴。那麼真的會有蟋蟀取代牛肉的那一天到來嗎？未來我們有可能在吃漢堡時，可以不用想著牛那雙充滿無辜的大眼而心懷愧疚嗎？啊，在蟋蟀聲四起的秋日，還只想著要抓蟋蟀來吃，人類可真是殘忍的生物哪！

酪梨的生存法則

終於吃到酪梨了。聽說這是一種吃起來像奶油的水果，但這樣的形容實在讓我想像不出它的味道，因為實在太好奇了，所以我就決定直接買來試吃看看，而且又正好網路上有特價，於是我立刻按下了購買的按鈕。剛送來的酪梨外皮很硬，是深綠色的，大小跟拳頭差不多，而且表面還凹凸不平，讓人覺得好像某種現在已經滅絕的爬蟲類的蛋。我把買來的酪梨放在餐桌上等待成熟，沒過幾天，它的顏色就開始變黑了。聽說用手壓壓看，稍微有點軟的話就是成熟、可以享用它的時候了。

我把酪梨切成一半，剖面出現了櫛瓜色的果肉。第一次嚐到的酪梨滋味，該怎麼說呢？淡而無味，感覺像奶油但又有點不太一樣。接著，我照著網路上的介紹，用酪梨搭配醬油和幾種食材拌飯來吃，結果味道意外地還不錯。

我對「奶油味水果」的好奇心就這樣被解決了。在享用完拌飯後，眼前就只剩下酪梨的種子了。酪梨的種子跟乒乓球差不多大，以水果而言，它的種子算是占了果實滿大的比例，跟蘋果、梨子和柿子比起來，差異非常明顯。酪梨種子還有一個奇特的地方：我過去看過的許多水果種子都有堅硬的外皮，但酪梨種子卻

不一樣，它的外皮像花生皮般薄而柔軟；而胚乳部分的顏色和質感都像堅果一樣，看起來很美味。但因為酪梨種子具有毒性，不能吃，所以我決定種種看，嘗試讓它紮根發芽。我在種子上插了三根牙籤，讓它掛在杯子上，再倒入水讓種子一半浸在水裡。二到三個星期後，種子真的發芽了，而且下面也裂開長出根系。

　　我沒有施任何肥料，只有每兩天認真地澆水而已，但酪梨還是長得很好。原本只是想體驗看著它長大的樂趣罷了，但看它長得這麼健壯，就忍不住想：「這個再過幾年之後會結多少果實啊？」於是我在大花盆裡填滿土，把酪梨種了進去。但原本長得很好的酪梨在被搬到花盆之後，不曉得怎麼回事，葉尖開始乾燥轉為褐色，而新長出來的嫩葉也很快就枯萎掉了下來。到底是哪邊出了問題呢？我突然很好奇酪梨原本生長的地方究竟在哪裡。

　　酪梨的原生地是茂密的熱帶雨林地區，在那個環境中，巨大的樹木們為了照到更多陽光，便會筆直地向上生長，遮蔽了天空。也因為這些樹的陰影，讓大白天的樹林裡依然是一片漆黑，而酪梨就是在這片黑暗下，接收著偶爾照進來的陽光長大的。

　　我的花盆是放在一整天都照得到太陽，坐北朝南的陽臺上，初夏的陽光對酪梨薄而寬的葉片來說，想必太過火辣而炎熱了。是我太貪心，一心希望它多照點太陽快快長大，結果反而害了它。於是我立刻把花盆移到房裡有陰影的地方，幸好酪梨又長出了新的嫩葉。

在知道了酪梨的原生地之後，我也終於知道酪梨的種子為什麼長得那麼大、那麼軟了。很多水果的種子表面之所以會被堅硬的表皮包覆，是為了保護裡頭的種子。如果表面太軟，就容易受到溼氣及細菌侵襲，造成腐敗或破損，也很容易被動物採食、消化。為此種子才演化出了堅硬的外皮，使自己能在環境中蟄伏數月、甚至數年之久，待環境合適時再破土發芽。不過熱帶雨林一整年的溫度和溼度都很高，只要種子掉下來，無論何時都可以立刻發芽，沒有必要刻意等待什麼時機，因此也就不需要外皮的保護了。不僅如此，去除掉會妨礙種子發芽的堅硬外皮，反而更有利於族群繁衍。而且種子要發芽，就需要消耗大量的能量。對酪梨而言，捨棄製造堅硬外殼所需的養分，讓所有養分盡可能的儲存在種子內，才是對生存最有利的。

美國生物學家索爾‧漢森 (Thor Hanson) 在《種子的勝利》(*The Triumph of Seeds: How Grains, Nuts, Kernels, Pulses, and Pips Conquered the Plant Kingdom and Shaped Human History*) 一書中提到，酪梨的種子裡有著豐富的澱粉、蛋白質、脂肪和醣類等養分，在長出葉子的數年之後，依然能持續利用胚乳中的養分，這是酪梨為了適應熱帶環境所演化出來的結果。雖然對於只需要果肉的人類而言，碩大的種子有點礙眼，但對酪梨而言卻是最佳的生存戰略。

除了發芽之外，種子還有別的任務。假如種子掉在母株的正下方，就算它成功發了芽，也沒辦法好好成長到能夠開花結果的階段，這是因為母株的根系已經占據了地底，沒有空間能讓它伸根，再加上若要競爭養分，也搶不過母株所導致。所以種子要順利成長，就必須盡可能掉在離母株夠遠的地方。但對於沒有腳也沒長翅膀的種子來說，這實在是個很難達成的目標。

不過，植物總不能就這樣坐以待斃，為此每一種植物都演化出了能讓種子盡量離母株遠一點的獨特方法：蒲公英和芄蘭❶的種子上長出了輕飄飄的絨毛，如此一來就能像降落傘一樣，飛到很遠的地方；黃豆和鳳仙花的種子則是藏在豆莢中，等豆莢蹦開時，就會像飛彈一樣彈飛出來；還有一種較為大膽的策略，就是利用會移動的動物了。想必各位都有這樣的經驗——走過草叢時，褲子或衣服上黏了許多稻殼般的種子，還得費一番心力才能弄掉，這種懂得利用動物身體的小傢伙，就叫做鬼針草。其他像是具有小毛的木槿種子，也是透過這種方式來傳播種子。

還有些植物會利用犧牲小我完成大我的方法——讓自己被吃掉，其實我們吃的水果，大部分都是使用這種策略。像是蘋果、水梨和西瓜等水果，它們香甜又營養豐富的果肉並不是為種子所

---

❶ 也稱「蘿藦」，分類學上屬於蘿藦科蘿藦屬，為多年生草本植物。植株為藤蔓狀，葉呈心形，種子具有白絮，可隨風飛散。

準備的，而是為了讓動物們將自己吃下肚。地球上絕大多數的鳥類及哺乳類，都非常喜歡吃水果，因為水果當中富含許多能作為能量來源的醣類。動物們享用完水果後（大部分都會連同種子一起吃下去），在棲地間移動、排便的同時，就會將種子一起排泄出來。於是種子便可以在動物移動的路徑附近發芽、結出果實，並再透過動物將種子散播到更遠的地方。因此，植物與動物的棲地之間有著很深的關聯。

　　植物為了吸引動物們來吃自己的種子，於是逐漸開始「配合動物」，讓水果演化出各種風味和香氣。每種動物都有各自喜好的口味，例如鳥類喜歡表皮較薄的紅色系小型果實，像是櫻桃、菩提子、櫻花果實等，都是鳥類的最愛；而哺乳類攝食的果實則比鳥類更大，且偏好表皮粗糙、有著濃郁香氣的種類，這些水果的顏色也相當地繽紛鮮豔，包含黃色、橘色、紅色和綠色等。

　　酪梨在這點上也非常奇特：現在留存下來的所有酪梨品種，都是經由人工栽培出來的，野生種已經完全消失了。植物學家們認為，野生酪梨消失的原因應該與為其傳播種子的動物有關。野生酪梨的果實和種子非常大，因此需要透過像是長毛象這種身形巨大的動物吃下才能進行傳播，但那些巨大的動物們都因為無法撐過新生代的冰河期而絕種了，間接導致野生的酪梨也因為無人幫忙傳播種子而逐漸消失。一種生物的絕種，將會威脅到另外一種與其有關之生物的存亡，那麼，如果愛吃酪梨的人類消失了，

會怎麼樣呢？酪梨當然會跟著消失，而其他經人類之手育種出來的生物，也都會走向相同的命運。站在酪梨的角度來看，人類想必已經是絕對不能滅絕的珍貴生命體了。

不過，我們也可以換一個角度思考，那些仰賴人類生存的眾多動、植物，牠們的生命其實都岌岌可危。因為人類這種生物有著一項極為詭異、其他生物都沒有的習性，就是會汙染、破壞自己居住的地方，甚至危害到其他動、植物的生命。

人類這個物種，究竟可以延續到多久之後呢？我看著一顆酪梨，想起了這份令人格外憂心的警訊：我的命運是和其他動、植物緊緊相依的。

不敗的滋味，發酵的味道

隨著季節蔬菜上市，冰箱的空位也逐漸消失了。上個月已經用水芹和芹菜醃了醬菜，也買了兩把野韭做了滿滿一桶野韭調味醬油。除了鹹甜的醬菜，還有醃梅子、糖漬檸檬、糖漬金桔、糖漬蘋果等各種醃漬水果，占據了冰箱的每一格。雖然連進行醃漬的我都不知道做這麼多到底誰要吃，但反正就先做起來放著。

上述食物的共通點就是都可以存放很久。做好後放了快三年的青紫蘇醬菜，到現在都還維持著它獨特的香氣。不管冰在冰箱多久，這些食物不會壞掉就很厲害了，竟然還能夠保存得如此良好，真是驚人。原本活著的東西，在生命消逝之後產生變質是自然的天理。在變質的過程中，若製造出對人類有害的物質，就稱為腐敗；相反地，若產生出有益的物質，則稱為發酵。但不論是腐敗和發酵，都是由微生物引起的。

微生物意即過於微小，小到肉眼無法看見的生物。在 1600年代，顯微鏡被發明以前，人們都對於微生物的存在截然不知，他們相信以傳染病為首的各種疾病，都是由惡魔的靈魂所引起的。在這之後，透過許多實驗都證明了有微生物存在於活體生物、無生命物質、土壤中、土地上、水中、空氣中等各種地方，

幾乎無所不在。事實上，住在我們體內的微生物數量，也幾乎與組成我們身體的細胞數量相當。

理所當然地，食物也無法躲開微生物大軍的侵襲，就算把食材清洗乾淨，也無法完全消滅微生物。微生物喜歡溼度高、溫暖且不通風的環境，如果想要避免食物腐壞，就必須製造出不適合微生物生存的環境才行。我們祖先雖然不知道微生物的存在，但對於不讓食物受微生物影響而腐敗的方法可是瞭若指掌。最普遍的方法就是乾燥，將食物乾燥可以讓微生物脫水而無法活動，如此一來便能長久保存。但在溼度和溫度都很高的地區，乾燥法就無用武之地了。於是，在這些地方，便很盛行醃漬法。

醃漬法是在食材中加入大量的鹽巴，水分就會因為滲透作用而由食材中排出，不僅可以幫助乾燥，也能排出微生物體內的水分，使微生物脫水死亡。在炎熱的地區，當地居民便會將魚類等海鮮進行醃漬，以方便保存。而將食材加入砂糖或蜂蜜中保存的糖漬法，也是運用同樣的原理。不過由於在古代，糖和蜂蜜的價格比鹽高出太多了，因此用砂糖做出果醬或糖漬水果的方式，是到現代才開始盛行的料理法。

另外，保存食物的方式還有煙燻法。木材燃燒所產生的煙裡頭含有具抗菌效果的酚類化合物 (phenolic compounds)，透過煙燻方式處理食材，不僅能夠藉由高溫的熱氣殺死微生物，還可以使酚類化合物附著在食物表面，阻止微生物繁殖。不僅如此，酚

類化合物還是一種帶有獨特煙燻香氣及口感的物質，可以為食材更添風味。

　　還有一種食物保存方式是利用酸性物質減緩或阻止造成腐敗的微生物生長。比方說醃漬泡菜時，促進發酵的乳酸桿菌等微生物會立刻釋放出乳酸，使環境變酸，阻止造成腐敗的微生物生長。透過這種方式保存食物時，有時也會在加工過程中直接加入酸性物質，例如在酸黃瓜或醬菜中添加醋來提高酸度，使得環境成為造成腐敗的微生物無法生存的條件。

　　我三年前做好的青紫蘇醬菜現在依然靜靜地浸泡在用鹽、醬油、醋、砂糖製成的鹹酸甜醬汁裡，在這裡面，微生物們毫無存活的希望。天氣也漸漸熱了，再過不久就可以在陽臺鋪上報紙，烤五花肉吃了❶。用來把烤得酥脆的五花肉包得美美的，這才是上天賦予我們家青紫蘇醬菜最崇高的使命哪！

---

❶ 韓國人愛吃烤肉，但在家中烤難免有油煙問題，因此很多人會採用在戶外，或在陽臺鋪報紙等方式進行，就能同時享用到燒烤的美味又兼顧家裡的乾淨。

貓對人心的影響

　　我們家裡有兩個人也有兩隻貓，跟小屁貓一起生活的每一天都很幸福，當然也有辛苦的地方。我每天都要幫兩隻貓倒飼料、換水、清貓砂，還要陪牠們玩一、二小時；最近還有其中一隻得了牙周病，拔牙花了一大筆錢。有時候我會冒出一個奇怪的念頭：明明這兩隻貓花了我這麼多錢和時間，還帶來一堆麻煩得處理，但為什麼我卻會天天帶著眼冒愛心的表情看著牠們呢？

　　雖然以經濟上來說，養貓的確沒什麼用處，但牠們並非完全沒有為我帶來什麼。其實貓們會促進我的身體分泌出被稱為「愛情荷爾蒙」的催產素 (oxytocin)，這是一種無法以意識控制其生成與否的重要化學物質。我們的大腦並非演化成只能感受到幸福，而是朝著可以在隨時變動的環境中感知到危險與不安因素，並能設法保護自己的方向演化。但如果危險與不安的情況一直持續下去，我們為此長期維持在緊繃的狀態，則精神和肉體都會受到損傷。而催產素是一種能夠讓人脫離緊張狀態的神經激素，它可以降低痛覺與焦慮感，對於讓人類感受到幸福與安穩而言是很重要的物質。問題是，催產素並非隨時都能分泌，而是只有在人與人之間感受到信賴與喜愛時才會分泌。

　　我們的大腦中有一個被稱為邊緣系統的區域，負責掌管不安、恐懼、憤怒等較負面的情緒，而下視丘及杏仁核就是邊緣系統中相當重要的兩個構造。比方說，要在許多人面前進行一場重要的演講是件非常讓人緊張的事，此時心臟會怦怦狂跳、手心出汗，且呼吸也愈來愈急促，甚至會開始產生幻想，擔心會因為無謂的失誤遭到嘲笑，讓至今而來的努力化為泡影，使自己的人生因此跌了一個大跤，但事實上這些壓力與不安大部分都是來自根本沒有發生的事情。其實會有這些反應，都是來自大腦——尤其是杏仁核——自動產生的反應，而且不管多麼有意識地告訴自己「放寬心」、「不要有壓力」，都沒有辦法抑制杏仁核在無意識下所產生的反應。

　　不過在這些因為極度緊張而倍感壓力的人之中，被允許在演講前跟朋友們共度時光的參加者，與沒有辦法和朋友見面的參加者相比，據說腦中分泌的壓力激素量及感受到的不安感都明顯會減少，也因此更能讓心情平靜下來，這是因為他們的身體分泌出了催產素。催產素可以減緩杏仁核的反應，使過度敏感的杏仁核平靜下來，達到調節情緒、讓人不至於無法控制情緒的效果。

　　患有慢性疼痛的患者，據說在跟另一半或戀人待在一起，甚至光是想到所愛的人時，都能夠有效地減緩痛感。此外，像是在感受到劇烈疼痛的狀況下，只要能跟誰牽著手，就能帶來安慰；即使是跟不認識的人進行簡短的對話，也能讓心情變好；擁抱、

握手、跟朋友對話和按摩等行為能改善心情之類的例子，經過科學的驗證後，都被證實是催產素發揮作用後所帶來的結果。

跟寵物待在一起的時候，不論是跟狗或貓對到眼，或者更進一步撫摸牠們時，都能促使身體分泌出催產素，而且與此同時，就連能讓人覺得幸福的多巴胺和腦內啡等激素的分泌量，也都會跟著增加，這些毛小孩們就是具有如此大的魔力，能夠左右人們的心情。目前已有許多研究證實，某些心理上的疾病可以透過寵物的陪伴來改善，像是那些斷絕社會關係，或者因為心理問題而很難跟他人順利交往的人，在飼養寵物之後，對於人生的滿足度也都會大幅增加。

大腦跟肌肉一樣，愈用就會愈發達，不用則會退化。寵物促使催產素分泌的量與次數愈多，就會更加強化分泌催產素的系統，使其更加發達，而如此一來的結果，就是光憑與寵物的小小互動，便可以分泌大量的催產素。這就是為什麼愈愛貓，我的幸福指數便會愈來愈高的原因。

引用及參考資料

- 《現在幾點鐘？》(*The Biological Clocks*)，Russell Foster、Leon Kreitzman，金韓英譯，黃金貓頭鷹出版，2006。
- 《荷爾蒙：科學探險如何解密掌控我們身心的神祕物質》(*Aroused: The History of Hormones and How They Control Just About Everything*)，Randi Hutter Epstein，楊炳昌譯，Dongnyok Science 出版，2019。
- 《味道的科學》(*Flavor: The Science of Our Most Neglected Sense*)，Bob Holmes，元光宇譯，Cheombooks 出版，2017。
- 《萬物簡史》(*A Short History Of Nearly Everything*)，Bill Bryson，李德煥譯，Kachi 出版，2003。
- 《種子的勝利》(*The Triumph of Seeds: How Grains, Nuts, Kernels, Pulses, and Pips Conquered the Plant Kingdom and Shaped Human History*)，Thor Hanson，何允淑譯，Eidos 出版，2016。
- 《憂鬱時的腦科學》(*The Upward Spiral: Using Neuroscience to Reverse the Course of Depression, One Small Change at a Time*)，Alex Korb，鄭志仁譯，Eidos 出版，2018。
- 《魚什麼都知道》(*What a Fish Knows: The Inner Lives of Our Underwater Cousins*)，Jonathan Balcombe，楊炳昌譯，Eidos 出版，2017。

- 《舌尖上的科學：口腹之樂何處來》(*Food Pleasure*)，崔洛堰，Yemundang 出版，2018。
- 〈冬天仍下海採集的濟州海女，比北極原住民更耐寒〉，朴根泰著，《韓國經濟》，2016 年 12 月 4 日刊載。
- 〈沒有雞蛋的美乃滋、沒有牛的牛肉……〉，Kerstin Bun、Marcus Rohwetter、Fritz Schaap，《*Economy Insight*》63 期，2015 年 7 月 1 日刊載。
- 〈味道的背叛第二彈—讓人上癮的香氣〉，《*EBS Docuprime*》節目，柳真奎製作，2018 年 5 月 22 日播出。

作者：成田聰子
譯者：黃詩婷
審訂：黃璧祈

這些寄生生物超下流！

蠱惑螳螂跳水自殺的惡魔是誰？→可怕的心理控制術
等等！身為老鼠怎麼可以挑戰貓！→情緒控制的魔力
別看是雛鳥！我可是天生的殺手！→年幼的可怕殺手
居然有可怕的凶暴喪屍出現！→起死回生的巫毒邪術

淺顯活潑的文字＋生動的情境漫畫＝最有趣的寄生生物科普書

為何這些造成其他生物死亡的事件，卻被稱為父母對孩子極致的愛呢？

自然界中，雖然不是每種動物的父母親都會細心、耐心的照顧孩子，陪伴牠們成長，但天底下沒有不愛孩子的父母！為了孩子而精心挑選宿主對象，難道不是愛嗎？為了讓孩子順利成長，不惜與體型比自己大上許多的生物搏鬥，難道不算最極致的愛嗎？

日本暢銷的生物科普書！帶您走進這個下流、狡詐，但又充滿親情光輝的世界。

作者：
胡立德（David L. Hu）
譯者：羅亞琪
審訂：紀凱容

破解動物忍術

如何水上行走與飛簷走壁？
動物運動與未來的機器人

水黽如何在水上行走？蚊子為什麼不會被雨滴砸死？
哺乳動物的排尿時間都是 21 秒？死魚竟然還能夠游泳？

讓搞笑諾貝爾獎得主胡立德告訴你，這些看似怪異荒誕的研究主題也是嚴謹的科學！

★《富比士》雜誌 2018 年 12 本最好的生物類圖書選書
★「2021 台積電盃青年尬科學」科普書籍閱讀寫作競賽
　指定閱讀書目

從亞特蘭大動物園到新加坡的雨林，隨著科學家們上天下地與動物們打交道，探究動物運動背後的原理，從發現問題、設計實驗，直到謎底解開，喊出「啊哈！」的驚喜時刻。想要探討動物排尿的時間得先練習接住狗尿、想要研究飛蛇的滑翔還要先攀登高塔？！意想不到的探索過程有如推理小說般層層推進、精采刺激。還會進一步介紹科學家受到動物運動啟發設計出的各種仿生機器人。

作者：松本英惠
譯者：陳朕疆

打動人心的色彩科學

暴怒時冒出來的青筋居然是灰色的！？
在收銀台前要注意！有些顏色會讓人衝動購物
一年有 2 億美元營收的 Google 用的是哪種藍色？
男孩之所以不喜歡粉紅色是受大人的影響？
會沉迷於美肌 app 是因為「記憶色」的關係？
道歉記者會時，要穿什麼顏色的西裝才對呢？

你有沒有遇過以下的經驗：突然被路邊的某間店吸引，接著隨手拿起了一個本來沒有要買的商品？曾沒來由地認為一個初次見面的人很好相處？這些情況可能都是你已經在不知不覺中，被顏色所帶來的效果影響了！本書將介紹許多耐人尋味的例子，帶你了解生活中的各種用色策略，讓你對「顏色的力量」有進一步的認識，進而能活用顏色的特性，不再被繽紛的色彩所迷惑。

作者：潘震澤

科學讀書人── 一個生理學家的筆記

「科學與文學、藝術並無不同，
都是人類最精緻的思想及行動表現。」

★ 第四屆吳大猷科普獎佳作
★ 入圍第二十八屆金鼎獎科學類圖書出版獎
★ 好書雋永，經典再版

科學能如何貼近日常生活呢？這正是身為生理學家的作者所在意的。在實驗室中研究人體運作的奧祕之餘，他也透過淺白的文字與詼諧風趣的筆調，將科學界的重大發現譜成一篇篇生動的故事。讓我們一起翻開生理學家的筆記，探索這個豐富又多彩的科學世界吧！

作者：李傑信

穿越 4.7 億公里的拜訪：
追尋跟著水走的火星生命

NASA 退休科學家—李傑信深耕 40 年所淬煉出的火星之書！
想要追尋火星生命，就必須跟著水走！

★ 古今中外，最完整、最淺顯的火星科普書！

火星為最鄰近地球的行星，自古以來，在人類文明中都扮演著舉足輕重的地位。這顆火紅的星球乘載著無數人類的幻想、人類的刀光劍影、人類的夢想、人類的逐夢踏實路程。前 NASA 科學家李傑信博士，針對火星的前世今生、人類的火星探測歷史，將最新、最完整的火星資訊精粹成淺顯易懂的話語，講述這一趟跨越漫長時間、空間的拜訪之旅。您是否也做好準備，一起來趟穿越 4.7 億公里的拜訪了呢？

主編：
高文芳、張祥光

蔚為奇談！宇宙人的天文百科

宇宙人召集令！
24 名來自海島的天文學家齊聚一堂，
接力暢談宇宙大小事！
最「澎湃」的天文 buffet

這是一本在臺灣從事天文研究、教育工作的專家們共同創作的天文科普書，就像「一家一菜」的宇宙人派對，每位專家都端出自己的拿手好菜，帶給你一場豐盛的知識饗宴。這本書一共有 40 個篇章，每篇各自獨立，彼此呼應，可以隨興挑選感興趣的篇目，再找到彼此相關的主題接續閱讀。

科學+

主編：
林守德、高涌泉

智慧新世界　圖靈所沒有預料到的人工智慧

辨識一張圖片居然比訓練出 AlphaGo 還要難？！
AI 不止可以下棋，還能做法律諮詢？！
AI 也能當個稱職的批踢踢鄉民？！

這本書收錄臺大科學教育發展中心「探索基礎科學講座」的演說內容，主題圍繞「人工智慧」，將從機器實習、資料探勘、自然語言處理及電腦視覺重點切入，並重磅推出「AI 嘉年華」，深入淺出人工智慧的基礎理論、方法、技術與應用，且看人工智慧將如何翻轉我們的社會，帶領我們前往智慧新世界。

國家圖書館出版品預行編目資料

有點廢但是很有趣！日常中的科學二三事／沈惠眞
著;徐小為譯.－－初版一刷.－－臺北市：三民，2021
面；　公分.－－（科學+）

ISBN 978-957-14-7313-0　（平裝）
1. 科學 2 通俗作品

307.9　　　　　　　　　　　　110016533

科學+

有點廢但是很有趣！日常中的科學二三事

作　　者	沈惠眞
譯　　者	徐小為
責任編輯	洪紹翔
美術編輯	陳祖馨

發 行 人	劉振強
出 版 者	三民書局股份有限公司
地　　址	臺北市復興北路 386 號 (復北門市)
	臺北市重慶南路一段 61 號 (重南門市)
電　　話	(02)25006600
網　　址	三民網路書店 https://www.sanmin.com.tw

出版日期	初版一刷 2021 年 11 月
書籍編號	S300350
I S B N	978-957-14-7313-0

일상 , 과학다반사
Copyright © 2019 by Shim Hye Jin
Traditional Chinese copyright © 2021 by San Min Book Co., Ltd.
Traditional Chinese Translation rights arranged with Hongik Publishing
Media Group through Imprima Korea Agency & LEE's Literary Agency.
ALL RIGHTS RESERVED

三民書局